Blender 2D 动画制作从入门到精通

李君豪◎编著

北京大学出版社
PEKING UNIVERSITY PRESS

内 容 提 要

Blender是一款功能强大、免费且开源的图形图像软件，它集成了建模、动画、材质设计、渲染、音频处理及视频剪辑等功能，为动画短片的制作提供了一站式解决方案。本书专注于指导读者利用Blender进行二维动画制作，深入剖析其在蜡笔模式下的各类工具、修改器及视觉特效工具，全面探索该模式下的功能特性。通过综合运用这些工具与多样化的表现形式，读者将学会如何绘制并创作出富有创意的二维动画短片，同时还将探索Blender在2D动画领域的更多绘制技巧与表现方式。

本书非常适合对Blender感兴趣，想要学习新型的动画创作方法的零基础2D动画爱好者。此外，它也非常适合动画、动漫、新媒体艺术、数字创意设计等相关专业的师生及从业者作为教学参考书或专业指南。

图书在版编目（CIP）数据

Blender 2D动画制作从入门到精通 / 李君豪编著 .
北京：北京大学出版社，2024. 10. -- ISBN 978-7-301-35567-1
Ⅰ . TP317.48
中国国家版本馆CIP数据核字第20248TQ637号

书　　名	Blender 2D动画制作从入门到精通 BLENDER 2D DONGHUA ZHIZUO CONG RUMEN DAO JINGTONG
著作责任者	李君豪　编著
责任编辑	王继伟　刘倩
标准书号	ISBN 978-7-301-35567-1
出版发行	北京大学出版社
地　　址	北京市海淀区成府路205号　100871
网　　址	http://www.pup.cn　　新浪微博：@北京大学出版社
电子邮箱	编辑部 pup7@pup.cn　总编室 zpup@pup.cn
电　　话	邮购部 010-62752015　发行部 010-62750672　编辑部 010-62570390
印 刷 者	北京宏伟双华印刷有限公司
经 销 者	新华书店
	787毫米×1092毫米　16开本　12印张　292千字
	2024年10月第1版　2024年10月第1次印刷
印　　数	1-4000册
定　　价	79.00元

前言

你好，正在翻阅这本书的朋友，我们或许是初次见面，或许是在网络上交流已久的老朋友，但无论如何，这应该是我们第一次以图书的形式相遇！

先来说说我自己吧，非常开心 Blender 中国社区邀请我来参与这次图书的制作。说实话，一开始我以为写书会是一件非常惬意且迅速的事情，但事实上恰恰相反，越到后期书写的速度越慢，因为有太多的事情需要考虑。不过，很庆幸，我还是把这本书写完了。

写本书的初衷是希望大家在透彻了解 Blender 的动画功能的同时，也能对二维动画的知识有所涉猎。遗憾的是，我个人对二维动画的了解并不是很深入。在互联网短视频盛行的时代，网络上有很多比我对动画理解得更透彻的人正在无私地分享他们的知识。因此，本书的主要内容侧重于：在 Blender 中制作动画需要用到的功能介绍。而关于实际的创意部分，需要大家自行去探索。虽然这样说可能会让人觉得我试图“偷懒”，但制作动画的软件永远只是工具，而非最重要的部分，创意才是核心。我希望大家在学习本书时，不要过于依赖或花费过多的时间在工具上，以免消磨了自己的时间和兴趣。当你需要某个功能时不妨来翻阅本书，希望它对你能有所帮助。

最后，我期待在动画领域努力学习的各位，都能制作出自己满意的作品！

温馨提示：本书附赠部分练习章节的视频文件和小节对应的工程文件，读者可用微信扫描封底二维码，关注“博雅读书社”微信公众号，并输入本书 77 页的资源下载码，根据提示获取。

目录

3 基础操作快速上手

4 蜡笔绘制模式：学会绘制单帧作品

8 修改器：高效制作动画效果

9 角色设计解析

10 场景和构图设计

11 摄像机和音频

12 渲染输出解析

初识 Blender 2D 动画

本书的第 1 章将介绍 Blender 的蜡笔的诞生、应用，带你更好地了解 Blender。

1.1 蜡笔的诞生

Blender 是一款开源的 3D 创作软件，在行业中 Blender 这种类型的软件通常被称作 DCC（Digital Content Creation）软件，也就是用于数字内容创作的软件。

Blender 最初是由荷兰的一家动画工作室 NeoGeo 开发的内部软件，其主要程序设计者 Ton Roosendaal 于 1998 年成立了 NaN 公司，将 Blender 作为共享软件对外发布，直到 NaN 公司于 2002 年宣布破产。在经过债权人同意后，Blender 项目获得了自由软件的许可，并以 GNU 通用公共许可证发布。在 2002 年 7 月 18 日，Ton Roosendaal 开始为 Blender 筹集资金；同年 9 月 7 日，Blender 宣布筹集足够资金，并将其源代码对外公开。从此，Blender 成为自由软件，并由 Blender 基金会维护和更新。

Blender 可以运行在多种平台上，包括 Windows、Linux、macOS 等，并且占用空间相对于其他同类型软件较少，功能丰富。

Blender 支持多种建模技术，如多边形建模、曲面建模、雕刻建模等；支持多种渲染引擎，如内置的 Blender Render 和 Cycles Render，支持第三方渲染引擎如 LuxRender、YafaRay 等；支持多种动画技术，如关键帧动画、骨骼动画、形变动画等；支持多种物理模拟技术，如刚体模拟、流体模拟、布料模拟、粒子模拟等；支持多种视觉效果技术，如光线追踪、阴影、反射、折射、景深、运动模糊等；支持多种材质和纹理技术，如节点材质、程序纹理、贴图纹理等；支持多种灯光和摄像机技术，如点光源、聚光灯、环境光、正交摄像机、透视摄像机等；支持多种文件格式的导入和导出，如 Collada、FBX、OBJ、SVG 等；支持通过 Python 脚本语言来扩展和定制 Blender 的功能。

Blender 是一个持续更新和发展的开源 3D 计算机图形软件，每个新版本都会带来新功能、改进和优化。在 Blender 中，有一个名为蜡笔（Grease Pencil）的工具集，它首次在 Blender 2.7x 版本中引入，但在 Blender 2.80 版本中带来了许多重要的改进和变化。蜡笔工具主要用于 2D 绘画和素描，但它能够与 Blender 的 3D 环境无缝集成，允许用户在 3D 场景中直接进行 2D 绘制，这种能力在动画、角色设计预览、场景布局规划等方面非常有用。图 1-1 所示为用 Blender 的蜡笔工具制作的开源动画电影《英雄》（*Hero*）。

图 1-1

1.2 蜡笔的应用

蜡笔是 Blender 中一个非常实用且功能强大的工具集，它在 2D 动画制作、影视前期制作、3D 建模辅助以及动态图形和视觉效果制作等方面都具有广泛的应用前景。图 1-2 所示为蜡笔的线条画修改器开发者小 A 制作的线稿渲染，图 1-3 所示为 Sophie Jantak 绘制的宠物 Bowie 插画。

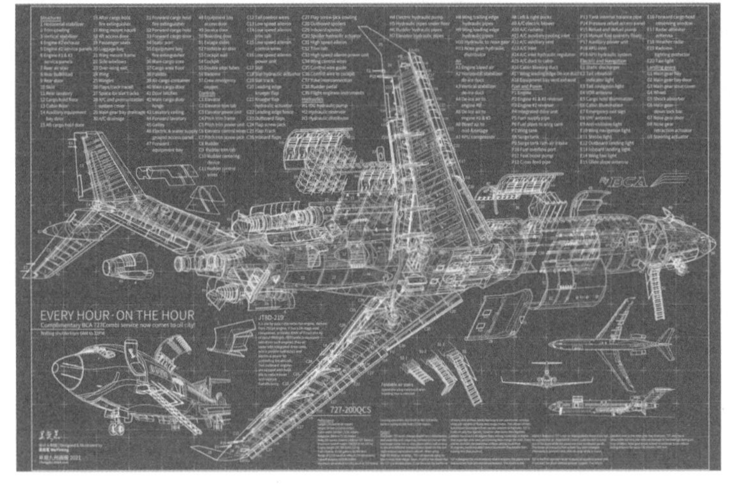

图 1-2

图 1-3

Blender 2.80 版本自 2019 年 7 月发布以来，极大地推动了 Blender 在视觉艺术和动画领域的普及与应用。随着 Blender 功能的不断完善和社区的壮大，越来越多的艺术家和制作团队开始使用 Blender 来创作具有独特风格的作品，其中包括模拟蜡笔或手绘风格的作品。例如，Alberto Vazquez 创作的《独角兽战争》（*UNICORN WARS*）；有的用 3D 制作场景再融合蜡笔的 2D 角色，例如，Splashteam 创作的游戏《小眷灵》（*Tinykin*）；有的使用蜡笔进行动画预演，例如，WIT STUDIO 推出的动漫剧集《国王排名》（*Ranking of Kings*），又如，最近几年由美国哥伦比亚影片公司出品的热门电影《蜘蛛侠：纵横宇宙》（*Spider-Man：Across the Spider-Verse*）。

当然，除此之外，还有许多作品，例如，Netflix 推出的动画电影《我失去了身体》（*I Lost My Body*）、Julien Regnard 推出的短片《守夜人》（*RONDE DE NUIT*）、Studio daisy 公司推出的音乐动画《夜之国》（夜の国）。这些作品在动画、游戏和电影等多个领域取得了显著成就，包括获得奥斯卡最佳动画电影的提名、安妮奖等荣誉，以及带来可观的商业价值，如图 1-4 所示。

图 1-4

Blender 因其开源、免费、功能强大且不断更新的特性，吸引了广泛的用户群体。它不仅是许多个人爱好者和独立创作者的首选工具，也因其高效的建模、渲染、动画和视频编辑能力，被众多专业机构和公司所采用，例如，美国国家航空航天局（NASA）、索尼影视娱乐（Sony Pictures Entertainment）、索尼电脑娱乐（Sony Computer Entertainment）、卡通网络（Cartoon Network）、漫威漫画（Marvel Comics）等。

1.3 Blender 和蜡笔带来的优势

Blender 作为一款开源软件，其最大的魅力之一在于它彻底消除了初学者和初创团队因软件使用费而可能面临的预算困扰。不仅如此，Blender 以其小巧的体积和快速的启动速度，成为许多人记录灵感、即时创作的首选工具。

Blender 在国内的学习环境很好，有很多乐于免费分享自己知识的前辈和爱好者，他们通过各种渠道无私地传授技巧，这种积极的分享精神不仅促进了个人技能的提升，也推动了整个 Blender 生态圈的繁荣与发展，形成了一个良性循环。Blender 拥有一个活跃的官方平台社区，这里汇聚了来自世界各地的用户和开发者。当你遇到不能解决的问题、BUG 或是新的想法时，可以通过 Blender 官方平台社区进行反馈。对于一些较为严重的 BUG，Blender 的开发团队通常会迅速响应，并在尽可能短的时间内进行修复或更新，如图 1-5 所示。

图 1-5

Blender 中的蜡笔工具使得线条的形状和颜色在后期易于更改。在上色阶段，用户可以自由地选择颜色进行绘制，并且随后可以轻松地调整这些颜色的变化，如图 1-6 和图 1-7 所示。Blender 还支持对与线条相关的动画属性（如位置、透明度等）设置关键帧，实现复杂的动画效果。如果有多条线条或形状被赋予了动画属性，并且每个属性都设置了关键帧，那么用户可以在时间线上同时选择并调整这些关键帧，以实现更精细的动画控制。

图 1-6

图 1-7

在 Blender 中，蜡笔结合修改器和效果器，让创作变得灵活有趣。甚至可能会让初学者觉得惊讶，仅靠 1 个单帧加上修改器和效果器，就能制作出多种动画效果，如图 1-8 到图 1-10 所示。

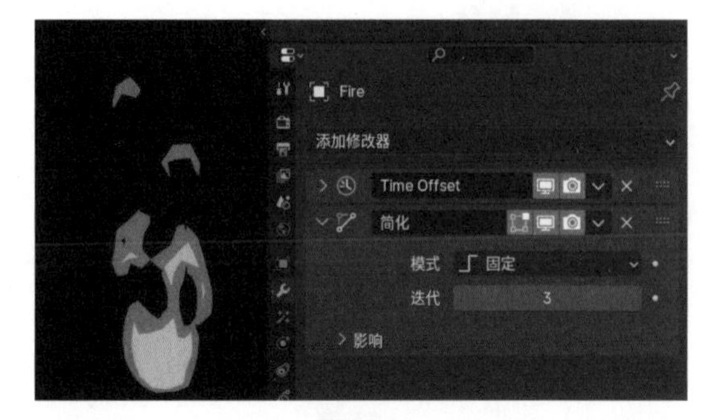

图 1-8

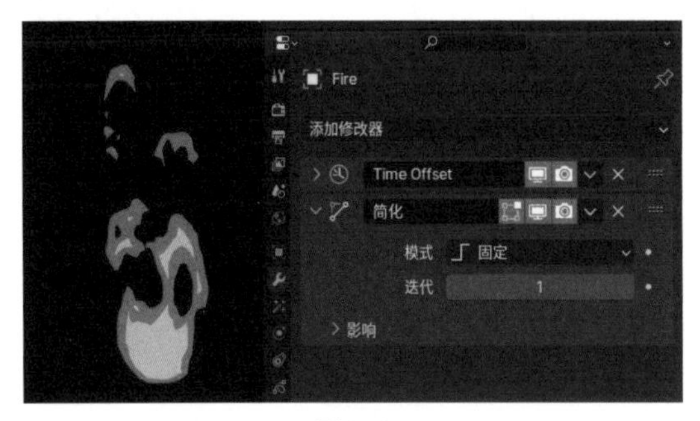

图 1-9

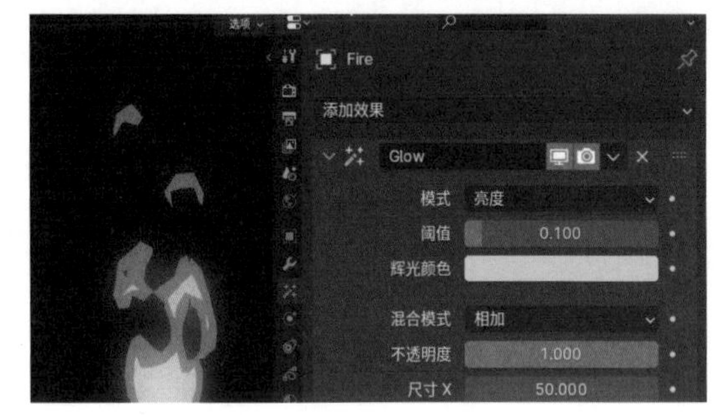

图 1-10

1.4 Blender 蜡笔的未来

Blender 对于蜡笔的未来开发有着丰富的计划，包括集成基于物理的材质系统、支持几何节点编辑以及增强资产管理等。这些计划对于工作室和个人创作者而言，这些功能是提升生产力的强大助力。它们将使创作过程更加高效，允许艺术家们以更丰富的视觉效果和更精细的控制来呈现他们的创意。

由于 Blender 是开源的，其 API 接口文档易于获取，如图 1-11 所示。这为团队在拥有编程能力的情况下，自主开发定制化功能和插件提供了极大的便利。这种灵活性使得像 SPA.Studio 这样的创意团队，在准备新项目《余烬》（*Ember*）时，能够根据具体需求快速迭代和优化制作流程，从而进一步提升作品质量和生活效率。

图 1-11

Blender 的安装和设置

本书的第 2 章将介绍 Blender 的下载、安装以及软件设置等知识，为后续学习 Blender 的使用做好准备工作。

2.1 下载

Blender 的下载有以下 3 种主要途径。

1. 从 Blender 官方社区获取。由于服务器在国外，下载速度比较慢，但是毋庸置疑的是，blender 官方社区上的更新速度是最快的。

2. 从 Blender 中国社区获取。如果你想得到更快的下载速度，可以前往 Blender 中国社区提供的阿里云开源软件镜像、清华开源软件镜像 2 个国内节点进行下载，如图 2-1 所示。

3. 从 Steam 商店获取，如图 2-2 所示。从 Steam 下载的 Blender 提供了自动更新的功能，并且你的 Steam 好友会看见你正在玩 Blender，这样还是蛮有趣的。

图 2-1

图 2-2

2.2 版本

Blender 的版本很多，你可以根据自己的需求来选择 Blender 的版本。在大多数情况下，推荐你选择最新版本。如果你追求更加稳定的体验，可以选择后缀为 LTS 的版本，需要注意的是，并不是每一个版本都有 LTS 版本，只有部分 Blender 版本是 LTS 版。为了减少学习本书时的差异，你可以选择 Blender 3.5 或 Blender 3.6 LTS 版本。

2.3 安装

当你下载的是 Blender 压缩包时，就不需要安装 Blender，只需要将压缩包解压到合适的位置，单击文件夹内的“blender-launcher.exe”文件就可以启动 Blender，如图 2-3 所示。

你也可以在“blender-launcher.exe”应用程序上单击右键，选择“发送到→桌面快捷方式”，以便之后快速启动，如图 2-4 所示。

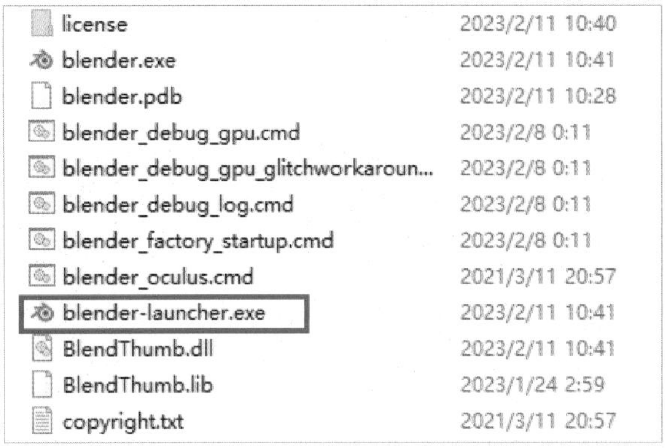

图 2-3

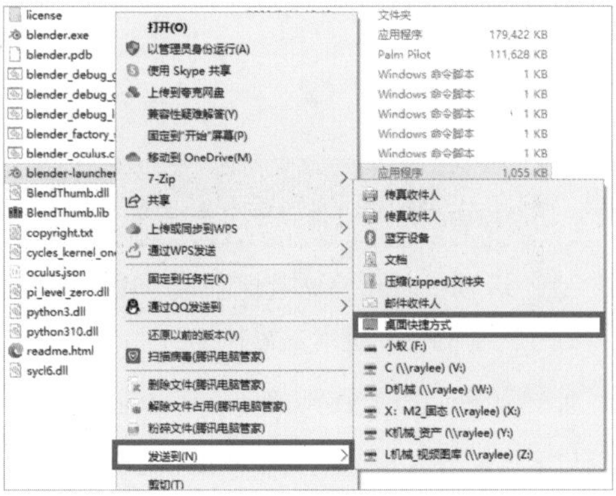

图 2-4

当你下载的是安装包时，经过常规的安装流程后即可从桌面的 Blender 图标进行双击启动，如图 2-5 所示。

图 2-5

2.4 设置语言

在启动 Blender 后，你可以看到启动 Blender 界面，可以在这个界面将软件的语言设置为中文。需要注意的是，当前这个启动界面只会在 Blender 安装后第一次启动时显示，如图 2-6 所示。

图 2-6

如果你没有在 Blender 启动界面选择语言，不必担心，你可以在 Blender 菜单栏中单击 “Edit” 选项，选择 “Preferences” 选项，在弹出的设置窗口中找到 “Interface” 选项中的 “Translation”，最后把 “Language” 选项中的 “English（English）” 切换为 “Simplified Chinese（简体中文）”，如图 2-7 到图 2-9 所示。

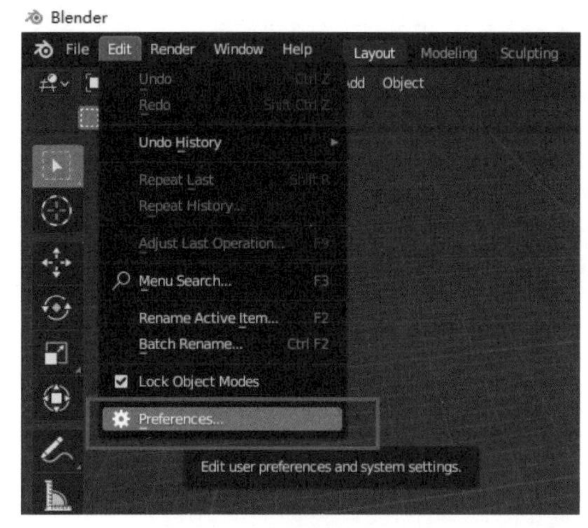

图 2-7

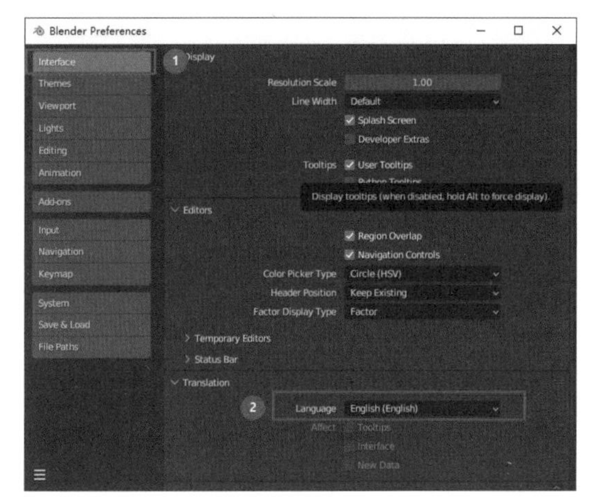

图 2-8

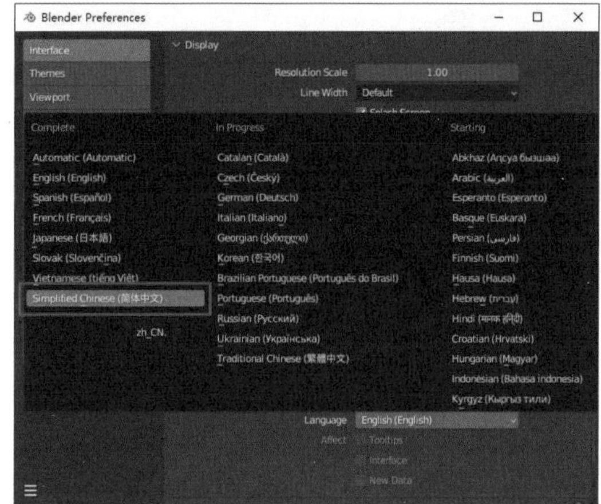

图 2-9

2.5 界面设置

你可以在偏好设置窗口里执行 “界面→显示→分辨率缩放” 命令，该命令可以调整适合你屏幕大小的软件界面大小，如图 2-10 所示。

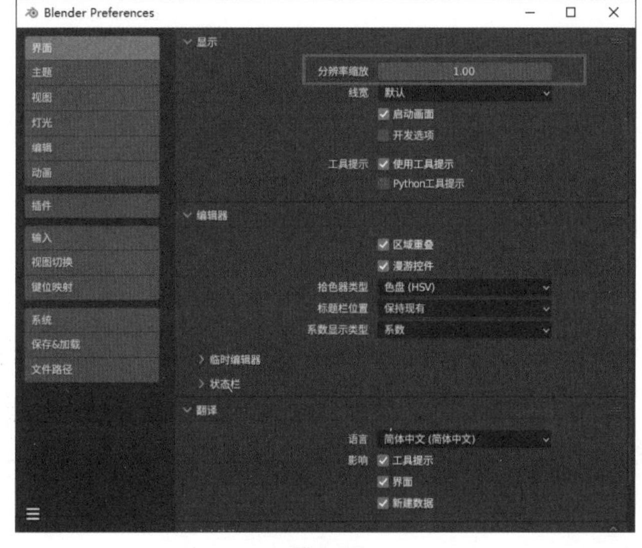

图 2-10

“主题”设置选项里顶部菜单栏可以选择“预设”主题来更改 Blender 的 UI 颜色，如图 2-11 所示。在本书中笔者将使用“白色”主题。你也可以自己在下面的栏目进行单独的设置，定制独一无二的 UI 界面，如图 2-12 所示。

图 2-11

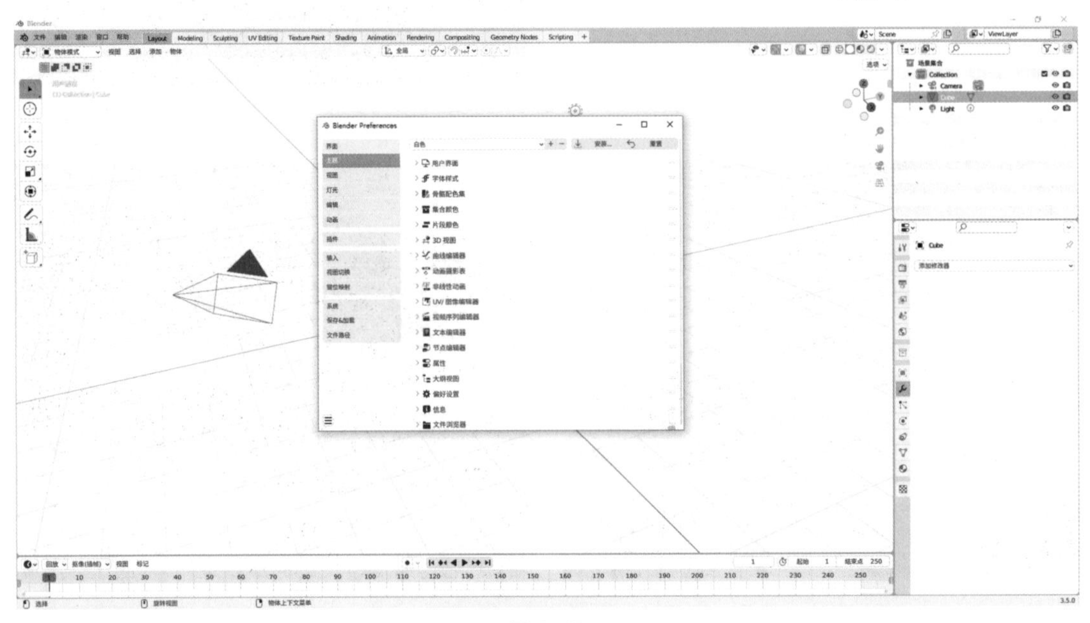

图 2-12

2.6 硬件设置

在偏好设置窗口的“系统”设置选项中，可以找到“Cycles 渲染设备”选项。在这里你可以设置 Cycles 渲染引擎使用的渲染设备，即选择是使用 CPU 还是 GPU 来加速渲染过程，以便根据硬件配置优化渲染速度。

此外，通过增加撤销次数，用户可以回溯到更早之前的操作记录，这在复杂或长时间的创作过程中尤为重要，因为它提供了更高的容错率，使得艺术家可以更加自由地探索创意，而不必担心因为一次失误而丢失大量工作，如图 2-13 所示。

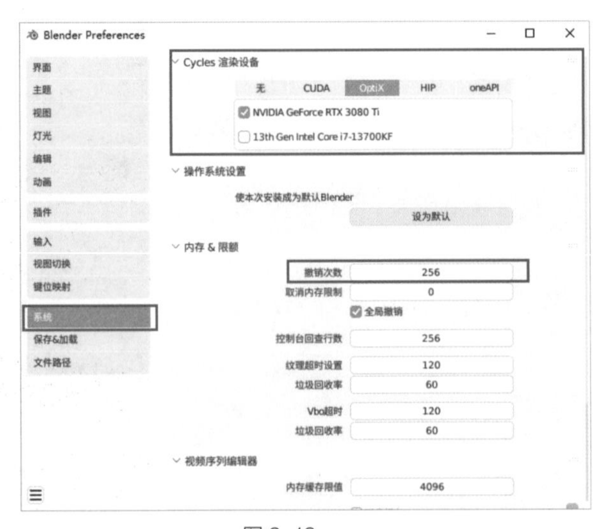

图 2-13

2.7 插件安装和推荐

Blender 的版本更新频率很快，所以你要注意需要安装的插件是否支持当前版本。当确定插件和当前版本兼容时就可以进行安装，如图 2-14 所示。在设置选项里，你还可以看到“插件”选项，单击“安装”按钮后，Blender 将弹出选择文件的窗口，你只需要选择对应插件的文件就可以进行安装，插件的格式通常为“.zip”格式或“.py”格式。

图 2-14

成功安装插件后，需要在 Blender 中开启插件并使用。如果无法正常开启插件，说明插件和当前的 Blender 的版本不兼容。有的插件开启时需要下载一些额外的库文件，所以需要以管理员模式启动 Blender，并确保连接到国际网络后才可以正常下载并启用插件。还有极少一部分的插件，在第一次启动后需要重启一次 Blender 软件，才可以正常使用。

在插件的信息页面中可以看到插件显示在 Blender 哪一个界面的位置。通常，大部分插件会显示在 3D 视图右边的侧边栏里。可以使用快捷键“N”呼出或者隐藏侧边栏，如图 2-15 和图 2-16 所示。

图 2-15

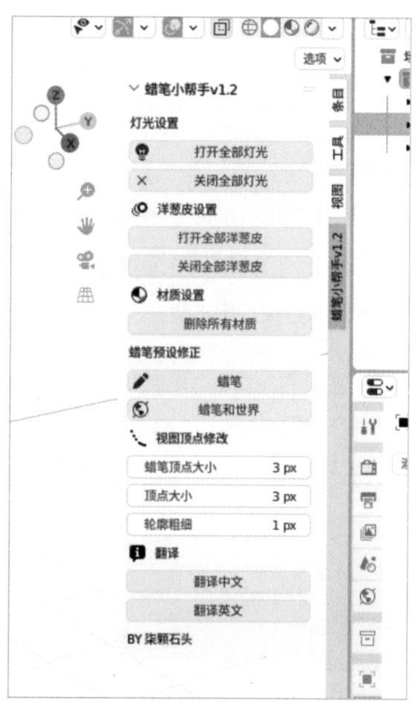

图 2-16

2.7.1　插件：Advanced Grease Pencil Picker

Advanced Grease Pencil Picker 是一款由 Yadoob 开发的免费蜡笔材质吸色插件，安装这个插件后可以使用绘制模式下新增的吸管选项，如图 2-17 和图 2-18 所示。Blender 自带的吸管工具在吸取颜色时会新增材质，而这款插件吸取颜色时会在 Blender 已经存在的材质中进行切换。

图 2-17

图 2-18

2.7.2　插件：GP 笔刷颜色吸管

GP 笔刷颜色吸管是一款由峰峰居士开发的顶点色吸色插件，可免费使用，如图 2-19 所示。安装这个插件后可以使用快捷键“E”来快速拾取颜色。

图 2-19

2.7.3　插件：蜡笔小帮手

蜡笔小帮手是一款由笔者开发的蜡笔插件，可免费使用。这个插件能够快速关闭单个蜡笔的全部灯光、全部洋葱皮、所有材质。快速还原蜡笔选项显示原本颜色，还原世界选项，更改蜡笔顶点大小方便观察，如图 2-20 和图 2-21 所示。

图2-20

图 2-21

2.7.4 插件：GP draw transform 插件

GP draw transform 是一款由 Samuel Bernou 开发的蜡笔变形插件，需付费使用，可以在 Blender 的市场购入，如图 2-22 所示。这款插件可以利用快捷键在绘制模式下进行多种操作，包括但不限于移动、旋转、缩放、延长、缩短以及平滑线条等。

图2-22

2.7.5 插件：Grease Pencil Tools

Grease Pencil Tools 是一款由多名开发者共同开发的内置插件，可以在 Blender 的自带插件中找到并启用，如图 2-23 和图 2-24 所示。

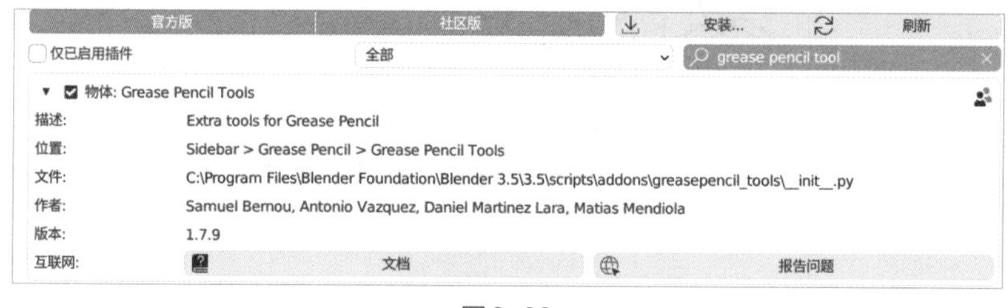

图2-23

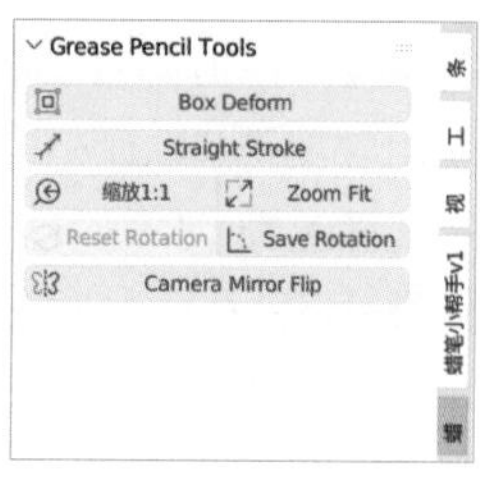

图2-24

该插件的主要功能有以下 6 种。

1. 镜像画面，如图 2-25 所示。

2. 拉直线条，如图 2-26 所示。

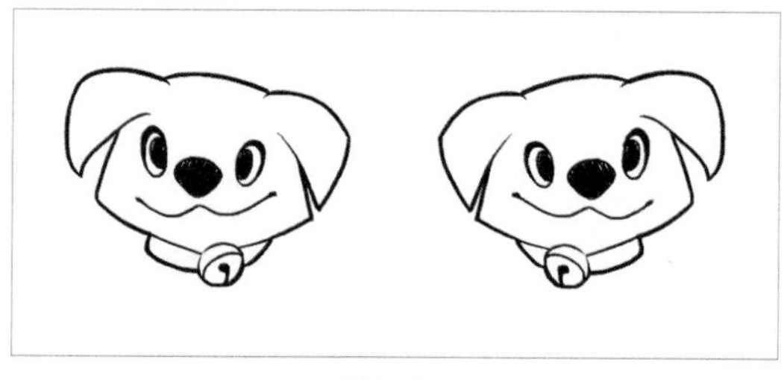

图2-25

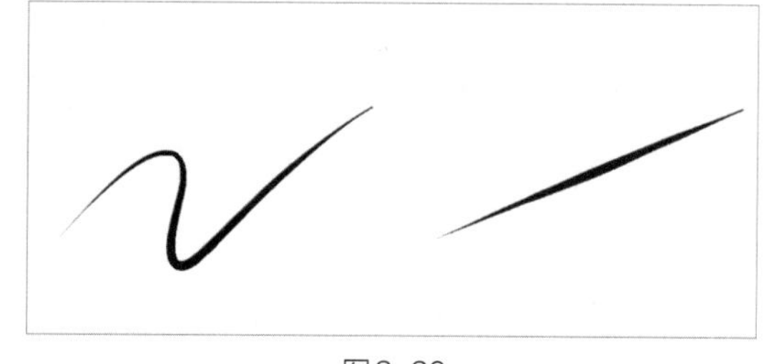

图2-26

3. 旋转视图，其快捷键为“Ctrl + Alt + 鼠标滚轮”。

4. 图层功能，其快捷键为“Y”。能快速选择图层，更改图层透明度，拖曳图层、更改图层顺序，锁定图层，添加图层，如图 2-27 所示。当图层为空图层时会将列表中的图层显示为红色，将鼠标光标移动到列表范围外可查看非活动图层的内容。

在使用图层功能时，使用快捷键“H”可以隐藏所有非活动图层，使用快捷键“L”可以锁定非活动图层，使用快捷键“T”可以自动锁定非活动图层，使用快捷键“ESC”可以回到进入图层功能之前的活动图层。

5. 在 3D 视图上显示时间轴，其快捷键为“Alt + 鼠标滚轮”，如图 2-28 所示。

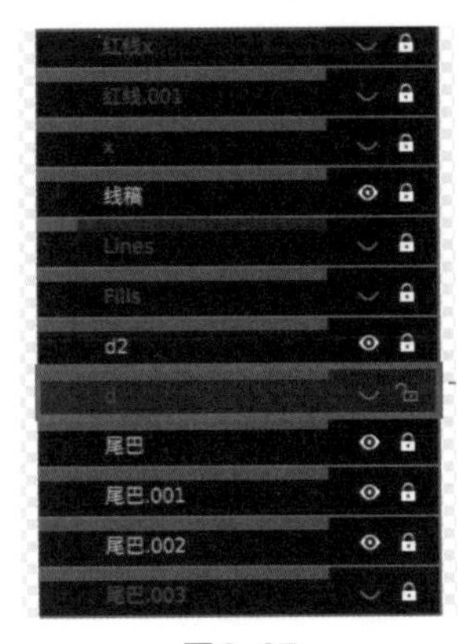

图2-27

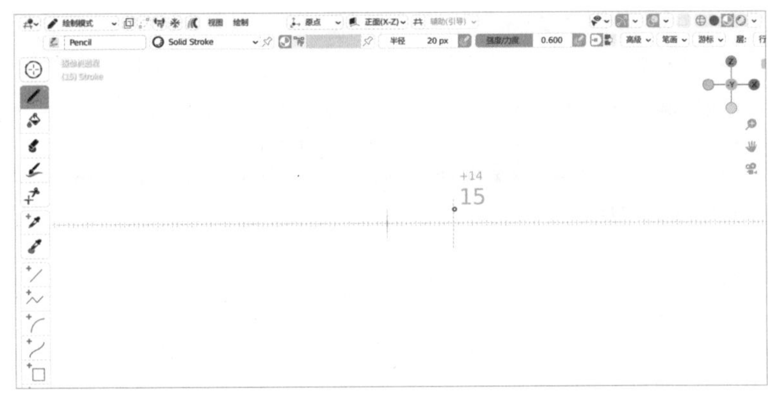

图2-28

6. 变形功能，其快捷键为“Ctrl + T”，在变形过程中，使用快捷键“Enter”确定变形，使用快捷键“Ctrl + T”退出变形，使用快捷键“Ctrl + 方向键”控制在 X/Y 轴上的细分点，使用快捷键“M”切换变形的模式，如图 2-29 所示。

图2-29

2.8 在 Windows 系统中预览 Blend 文件的缩略图

有时安装完成的 Blender 无法直接在 Windows 系统的文件夹内预览 Blend 文件的缩略图，此时，可以在 Blender 软件中执行“编辑→偏好设置→系统”命令，再单击“设为默认”选项“使本次安装成为默认 Blender”，这样就可以在 Windows 系统中查看 Blend 文件的缩略图了，如图 2-30 所示。

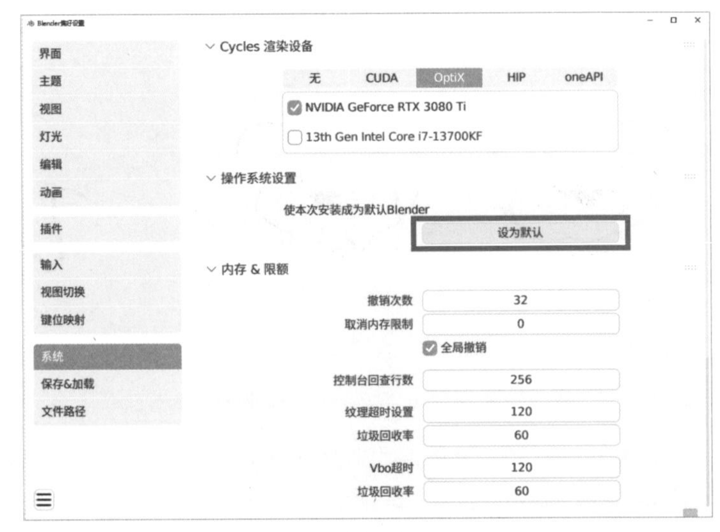

图2-30

2.9 自动保存和保存版本

任何一款软件都可能会遇到软件崩溃的情况，为了减少丢失大量数据的情况发生，你需要在 Blender 设置选项里找到“保存 & 加载”选项，并勾选“自动保存”选项，再把“间隔（分钟）”设置为“2”，表示 2 分钟保存一次，如图 2-31 所示。

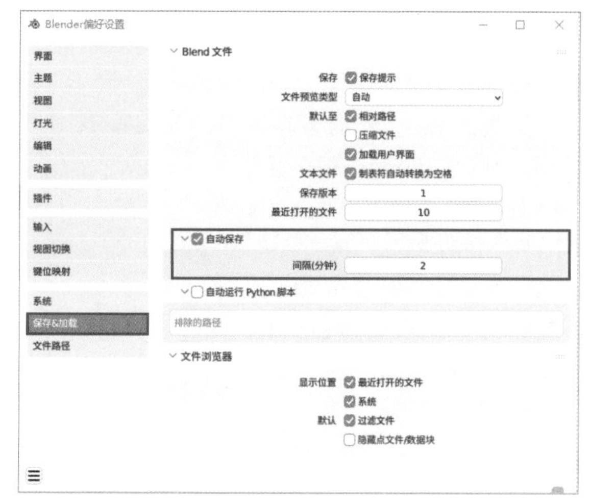

图 2-31

当软件崩溃后，你可以在 Blender 主界面左上角的“文件”选项里找到“恢复”选项，在其下拉菜单中，单击“自动保存”选项。在弹出的文件窗口中可能会有多个自动保存的文件，其中修改时间最晚的文件就是你需要的文件，如图 2-32 和图 2-33 所示。

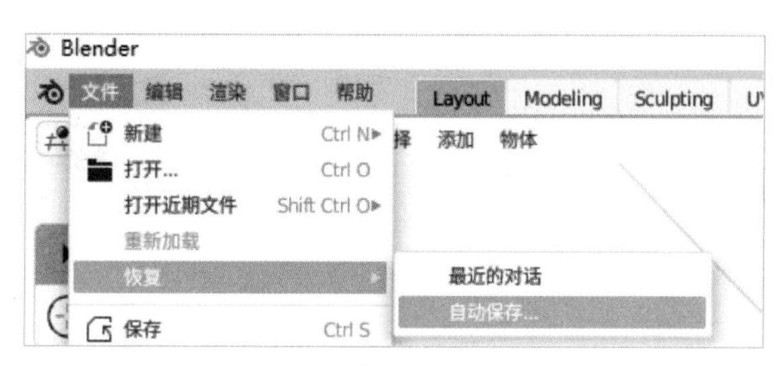

图2-32

图2-33

除了发生软件崩溃的情况，文件在保存时有极低的概率会让 Blend 文件损坏，在下一次打开这个文件时会出现无法正常打开的情况，为了避免这种情况的发生，Blender 默认保存文件时会同时保存 1 个文件。当第一个自动保存文件无法打开时，可以把第二个备份文件格式名从“blend1”改为“blend”，就可以正常打开此文件了。如图 2-34 所示，如果有特殊需要，也可以调整“保存版本”为更大的数量。

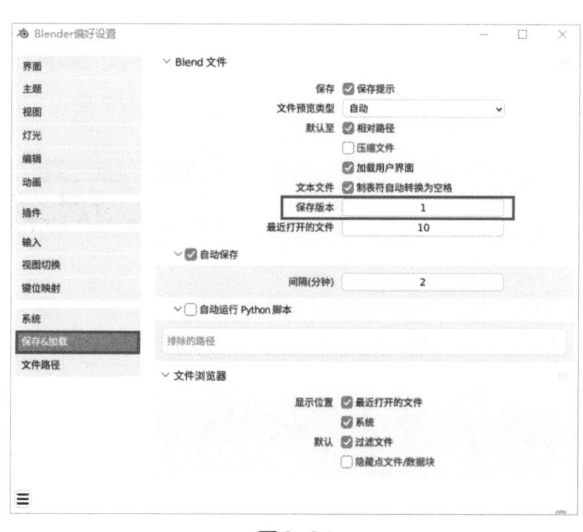

图2-34

2.10 保存设置和恢复默认设置

在更改 Blender 的各种设置后，为了让 Blender 记住更改的各种设置，需要手动单击设置页面左下角的“更多”选项按钮，选择“保存用户设置”选项，如图 2-35 所示。当关闭 Blender 之后，再次启动 Blender 后就会加载到自定义的偏好设置。

图2-35

如果在使用时不小心把界面调得一团糟，可以尝试单击“加载初始设置”选项，在其中选择“恢复至自动保存的设置”选项即可将插件、界面、语言、快捷键等设置选项的改动都恢复至 Blender 初始的设置，如图 2-36 所示。

图2-36

基础操作快速上手

本书的第 3 章将学习 Blender 的各种基础操作，学习怎么调整工作区、实现视图控制与物体基础变换、添加和删除物体。

3.1 启动

重新启动 Blender 后，你能看到的第一个页面是 Blender 启动页，其中包含版本宣传图、适合各种不同工作流程的工作区布局预设、新建文件、最近打开的文件、恢复最近的一次会话等，如图 3-1 所示。

图 3-1

3.2 工作区界面自定义

Blender 顶部选项栏下的一整块区域被称为工作区，如图 3-2 所示。

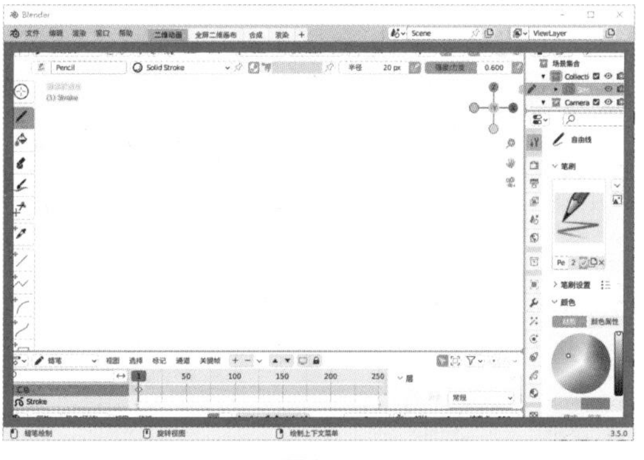

图 3-2

3.2.1 工作区布局预设

Blender 工作区的顶部为布局选项，这一部分是自定义工作区布局预设的，如图 3-3 所示。

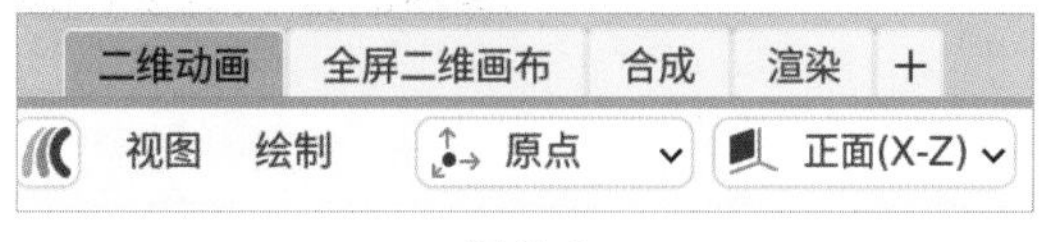

图 3-3

在启动页中，选择不同的工作区布局预设会让这一区域的选项变得不同，如图 3-4 和图 3-5 所示。

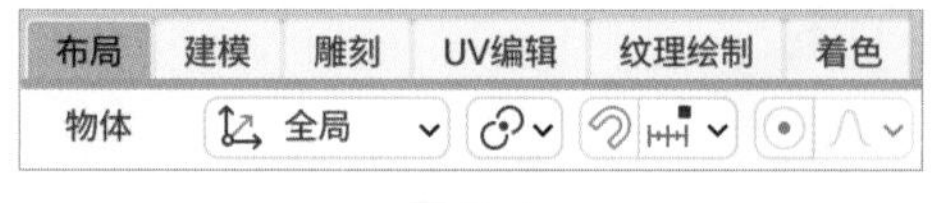

图 3-4

图 3-5

在正常使用中，通过单击工作区的各种布局预设选项可以在预先设置好的各种布局之间切换，如图 3-6 和图 3-7 所示，建模界面预设和动画界面预设在布局上会有所改变。

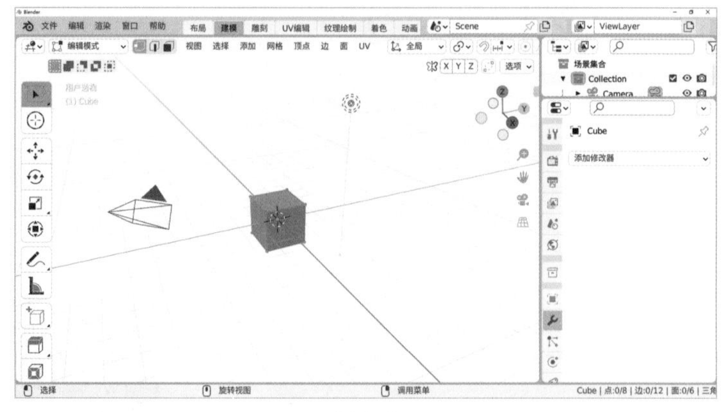

图 3-6

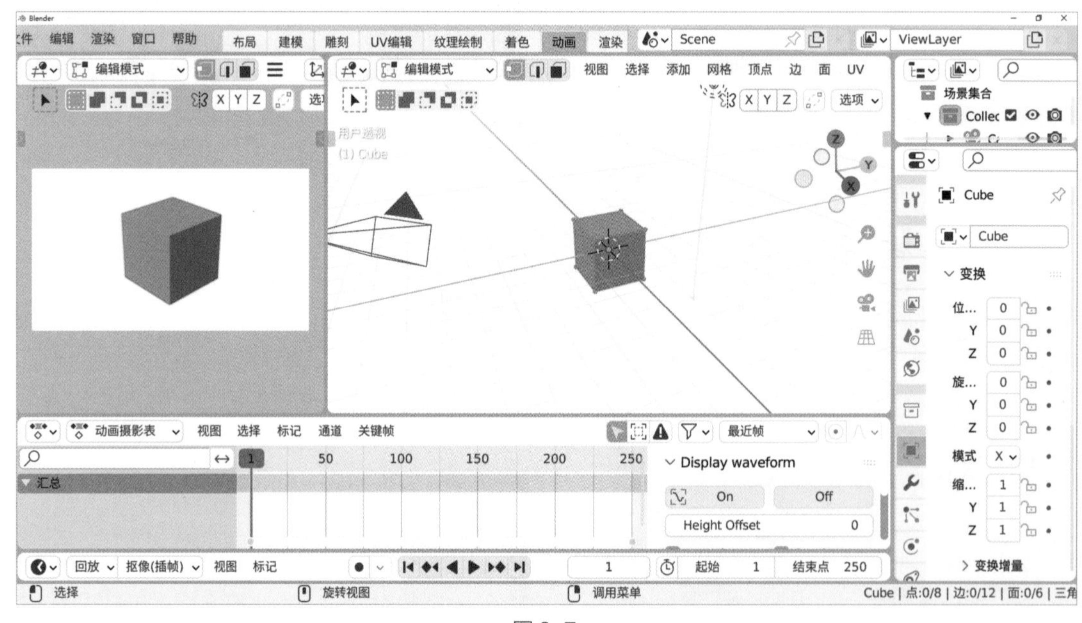

图 3-7

如果想要将当前的布局保存为一个全新的布局，你可以单击“添加工作区”按钮进行保存，你也可以在这里选择其他需要添加的工作区，如图 3-8 和图 3-9 所示。

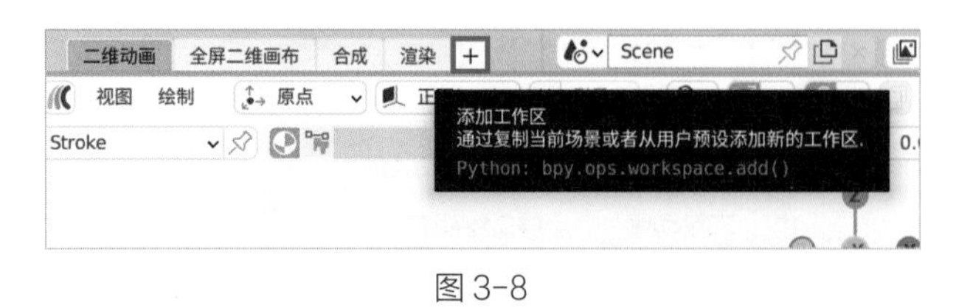

图 3-8

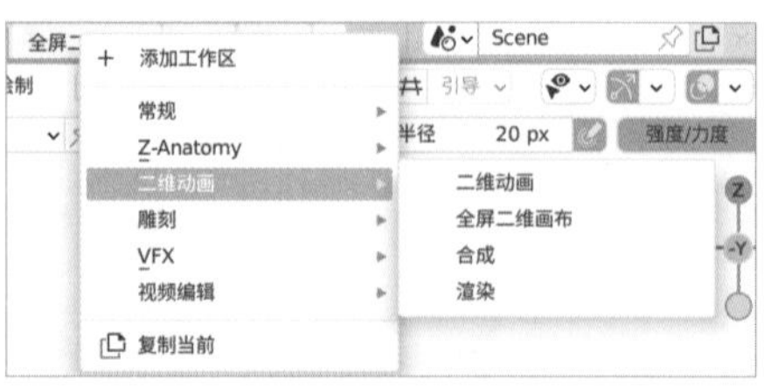

图 3-9

双击工作区布局预设选项时则可以更改这个布局的名字，如图 3-10 所示。使用鼠标右键单击某个工作区布局预设则可以删除不需要的布局预设，如图 3-11 所示。

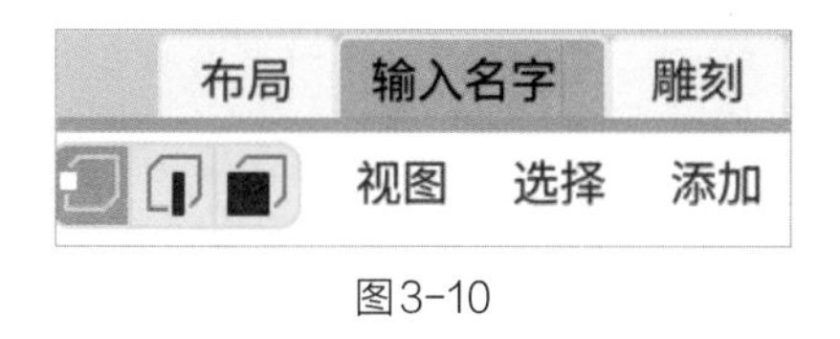

图3-10

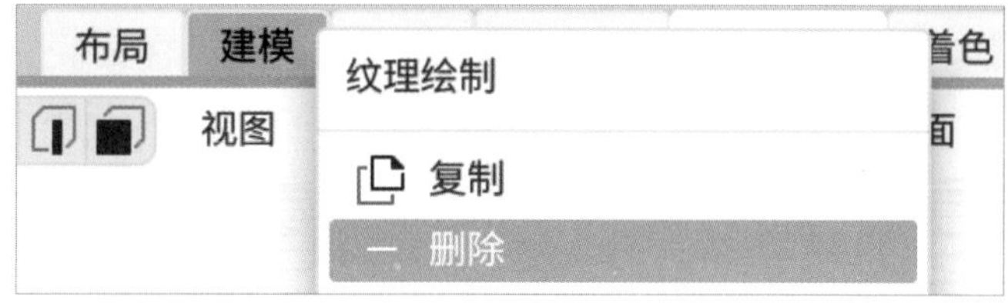

图 3-11

3.2.2　切换功能面板

图3-12

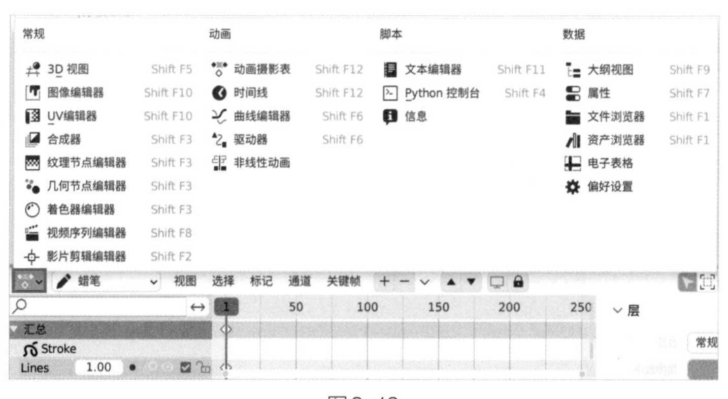

图3-13

Blender 提供了一系列预设的工作区布局，每个布局都针对特定的任务（如建模、动画、合成等）进行了优化。用户可以通过切换工作区布局预设来快速改变编辑器布局。用户可以通过快捷键或顶部菜单的选项来切换特定的编辑器，如图 3-12 所示。单击编辑器类型后，可以切换当前显示的编辑器类型，例如，把“3D 视图”面板切换为“动画摄影表”面板，如图 3-13 所示。

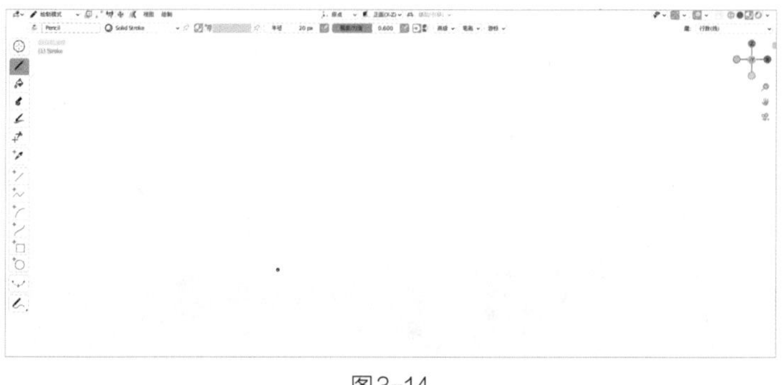
图3-14

在制作 2D 动画中，主要使用的面板有 3D 视图、动画摄影表、时间线、大纲视图、属性。

3D 视图编辑器用于显示画面、绘画，对物体做出各种可视化的调整，如图 3-14 所示。

动画摄影表用于显示动画关键帧，你可以在这里对关键帧做出各种调整，如图 3-15 所示。

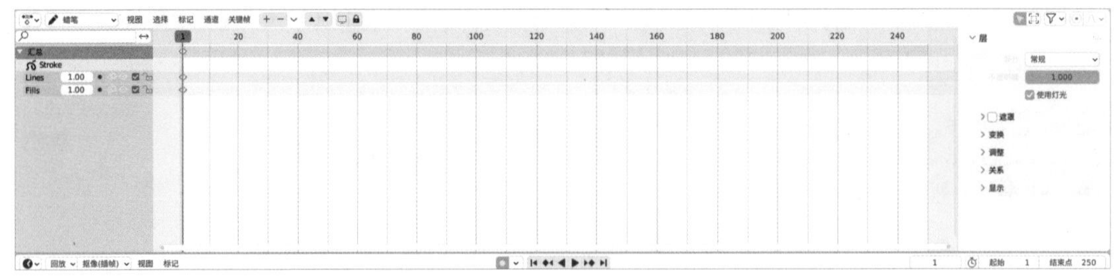

图3-15

大纲视图用于将当前场景里的所有物体和数据以列表的方式进行显示。而 3D 视图则是以画面的方式进行显示，如图 3-16 所示。

属性面板用于设置引擎参数、场景参数、物体参数、图层、材质和给物体添加修改器等操作，如图 3-17 所示。

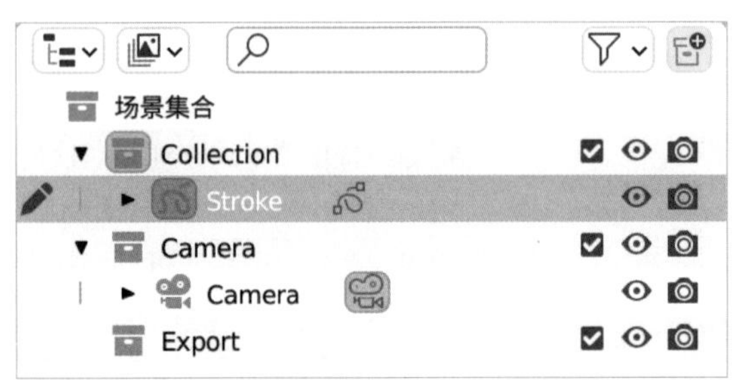

图3-16

图3-17

3.2.3 调整面板大小

如需要调整某个面板的大小，你只需要把鼠标光标放在两个面板之间的缝隙处，等待鼠标光标变为“↕”符号时，拖动鼠标光标，就能对面板大小进行调整，如图 3-18 所示。

如果你想单独调整界面内 UI 的大小，可以把鼠标光标放在目标面板中，同时按住“Ctrl”键和鼠标滚轮，最后移动鼠标，即可调整界面内 UI 的大小，如图 3-19 所示。如果想要还原界面内 UI 的大小，把鼠标光标放在目标界面中，按“Home”键，即可还原界面内 UI 的大小。

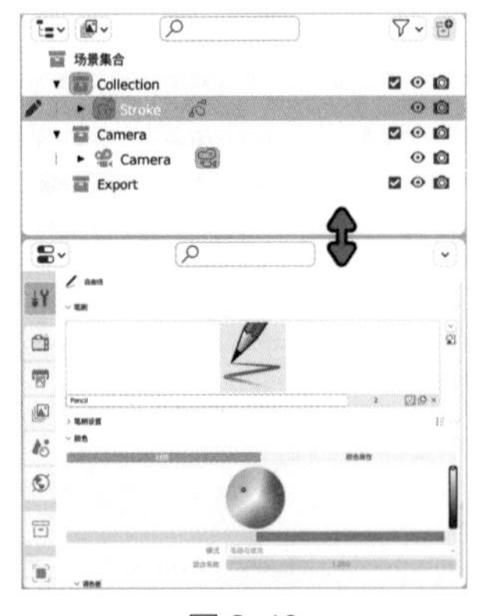

图 3-18

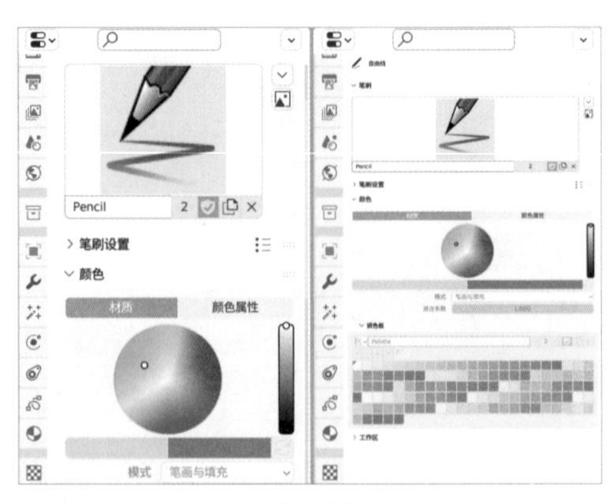

图 3-19

3.2.4　面板的合并和分割

在进行内容制作时，如果需要更多的面板或者更少的面板，你可以将鼠标光标移动到两个面板之间的缝隙处，单击鼠标右键，在弹出的窗口中选择“垂直分割”选项并移动鼠标光标进行分割，得到一个新的面板，如图 3-20 所示。在弹出的选项中选择“合并区域”并移动鼠标光标选择需要合并的板块，就可以减少面板的数量。

图3-20

3.2.5　独立化和全屏

现在大部分的制作者都有 2 个或 2 个以上的显示器，为了更好地安排 Blender 的界面布局，可以在 Blender 主界面左上角的“窗口”选项中选择“新建窗口”选项，或者选择“新建主窗口”，使显示器中弹出一个新的且独立的Blender 窗口，就可以把这个新的Blender 窗口放在另一个显示器中使用，如图 3-21 和图 3-22 所示。

图 3-21

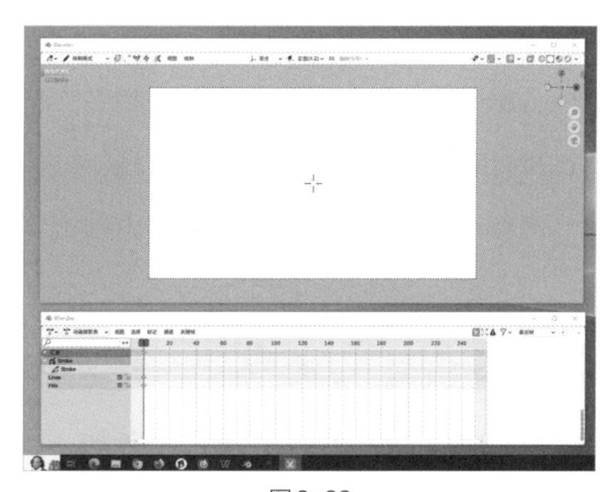

图3-22

当制作者的屏幕比较小，或者想要全屏显示当前的面板时，可以使用快捷键“Ctrl + Space”，将鼠标光标所指的面板进行全屏显示，如图 3-23 所示。如需要退出全屏显示，再次使用快捷键“Ctrl + Space”即可。

图3-23

3.3 视图旋转、移动、缩放

3D 视图界面的右上部分有漫游组件和控制视图的组件。绿红蓝的轴向按钮可以用于旋转，放大镜按钮可以用于缩放，手掌按钮可以用于移动视图，如图 3-24 所示。

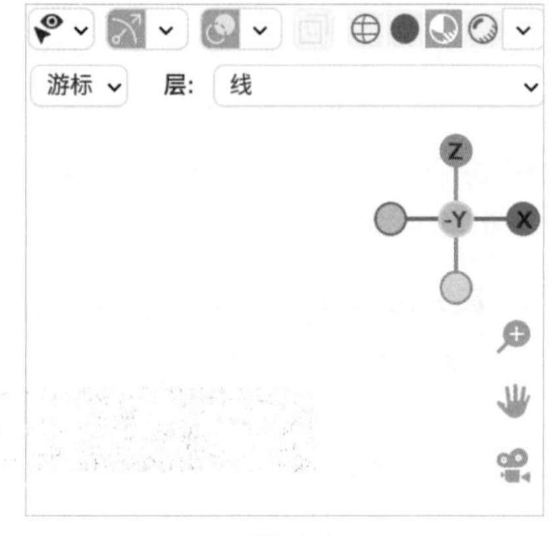

图3-24

除了使用组件对视图进行操作外，也可以使用快捷键对视图进行操作，快捷键的具体使用方式如下。

旋转视图：按住鼠标滚轮，再移动鼠标。

平移视图：同时按住“Shift”键和鼠标滚轮，再移动鼠标。

放大视图：滑动鼠标滚轮。

3.4 切换摄像机和设置摄像机

Blender 本身是一个 3D 世界，在使用鼠标旋转视图时会脱离当前的摄像机视角画面，如图 3-25 和图 3-26 所示。如果需要回到摄像机视角可以单击 3D 视图界面右边的“摄像机”按钮，或者使用快捷键“0”，如图 3-27 所示。

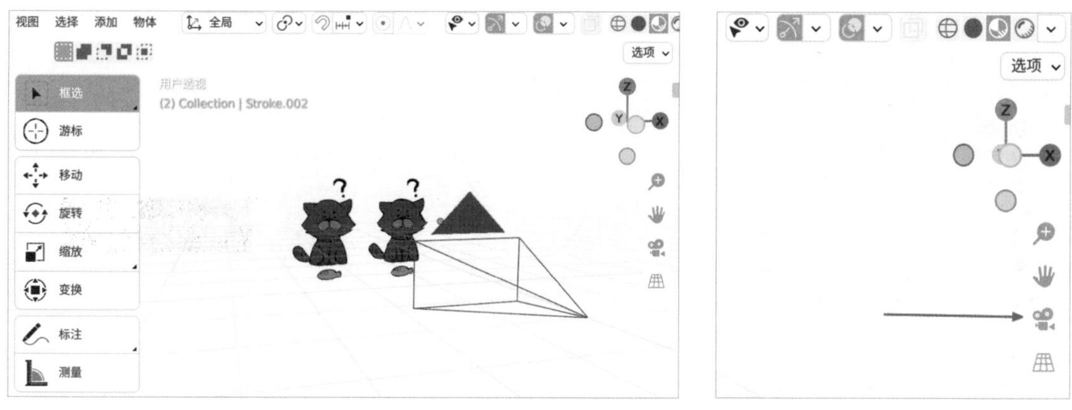

图3-25　　图3-26

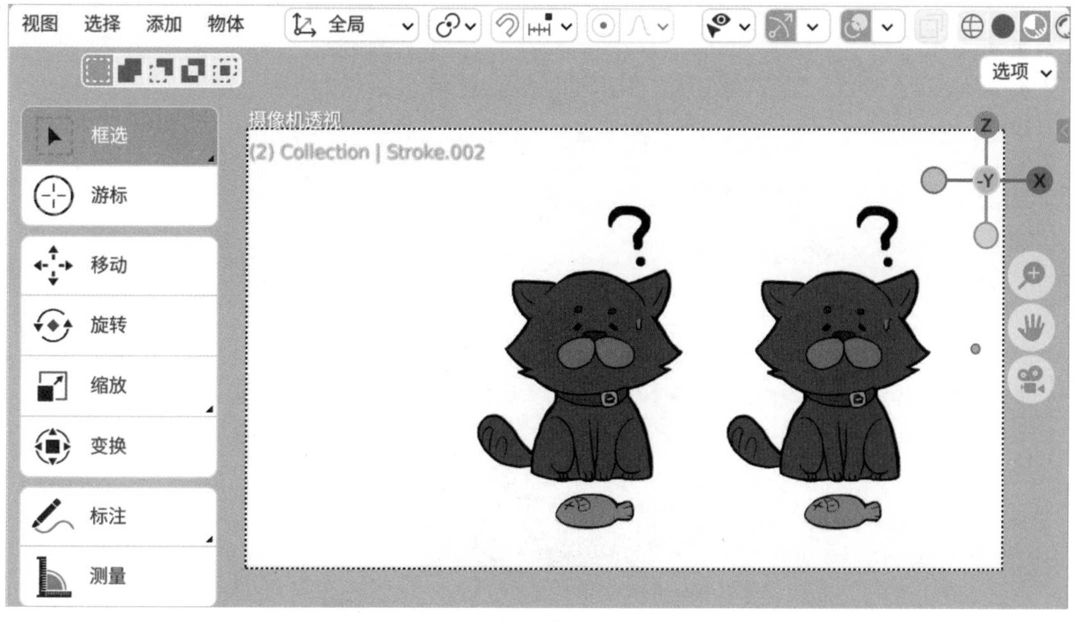

图3-27

3.5 添加、删除、复制

在 Blender 中添加物体，你可以在物体模式下使用快捷键“Shift + A”，弹出新建各种类型的物体的窗口，选择一个你需要的物体类型添加即可，如图 3-28 所示。

在 Blender 中删除物体，你可以在物体模式下删除选中的物体，按快捷键“X”或者“Delete”键删除物体，如图 3-29 所示。

在 Blender 中复制物体，你可以在物体模式下按快捷键“Shift + D”，如图 3-30 所示。

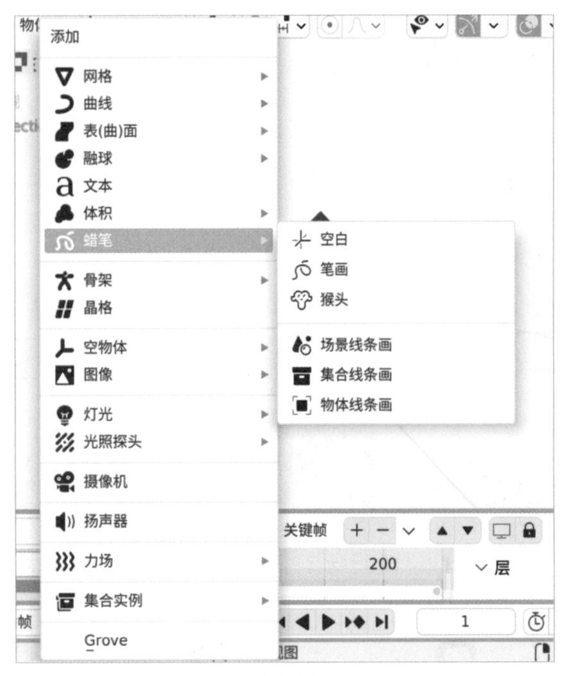

图3-28

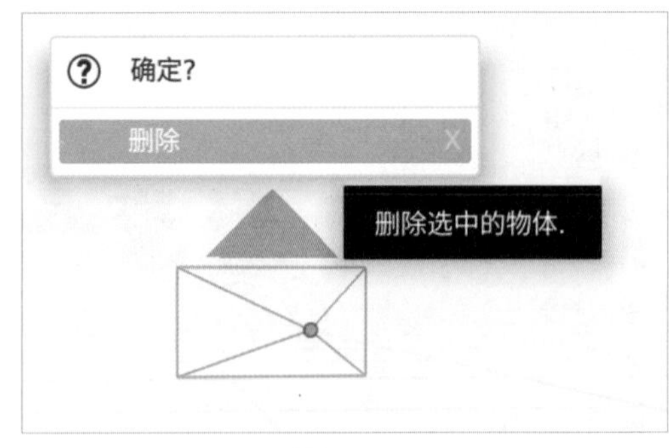

图3-29

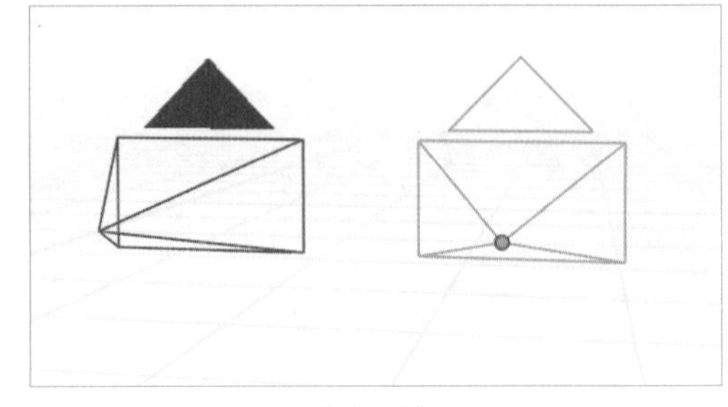

图3-30

如果你有 2 个工程文件需要跨工程进行内容复制，你可以运行 2 个 Blender，分别打开这 2 个工程文件，在一个工程中选中需要复制的内容后按快捷键“Ctrl + C”，在另一个工程中按快捷键“Ctrl + V”，就可以跨工程复制粘贴物体，如图 3-31 和图 3-32 所示。

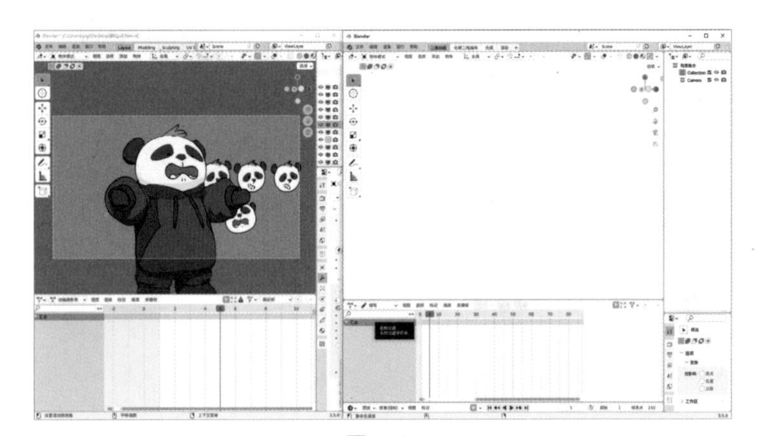

图 3-31

图3-32

3.6 关联复制

在 Blender 中，你可以使用快捷键“Shift + D”进行快速复制，以这种方式复制出来的物体拥有独立的数据块（如网格、材质等）；你可以使用快捷键“Alt + D”进行关联复制，以这种方式复制出来的物体与原始物体共享相同的数据块。当你在 Blender 中通过关联复制创建多个物体，并对其中一个物体的材质、形状或其他属性进行修改时，所有通过关联复制得到的物体都会相应地更新这些属性，因为它们共享相同的数据块。

3.7 物体旋转、移动、缩放

当你选中一个物体时，可以使用 3D 视图界面左边的工具栏（T）中的选项对它进行移动、旋转、缩放、变换等操作，也可以使用快捷键“G”（移动）、“R”（旋转）、“S”（缩放），如图 3-33 所示。

如果需要还原某个物体的变化，可以在 3D 视图的左上角的“物体”菜单内找到“清空”选项的次级菜单如“位置”“旋转”“缩放”等选项，也可以使用快捷键“Alt+G”“Alt+R”“Alt+S”来还原任意变化，如图 3-34 所示。

图3-33

图3-34

3.8 模式切换

在 3D 视图的左上角有个“模式切换”按钮，你可以在这里切换模式，例如，物体模式、编辑模式、雕刻模式、绘制模式、权重绘制、顶点绘制等，如图 3-35 所示。当你选中一个物体后只能看到一部分模式，这是因为不同的物体类型拥有不同的模式，如图 3-36 所示。例如，蜡笔拥有的绘制模式，在其他非蜡笔物体中就不会显示绘制模式。

当拥有 2 个或者更多蜡笔物体的时候，可以选中一个蜡笔物体，进入绘制模式，如果这时想切换到另一个蜡笔的绘制模式中，需要回到物体模式，选中另一个蜡笔物体，再进入绘制模式，这样操作会比较烦琐。为了方便，可以单击大纲视图中蜡笔物体前面的小图标，跳转到另一个物体的相同模式中，如

图 3-37 所示。编辑模式、雕刻模式、权重绘制、顶点绘制都可以用这种方式进行切换。另外，在 3D 视图中，也可以将鼠标光标放在想要切换的物体上，按住快捷键“Alt + Q”切换不同物体的绘制模式。

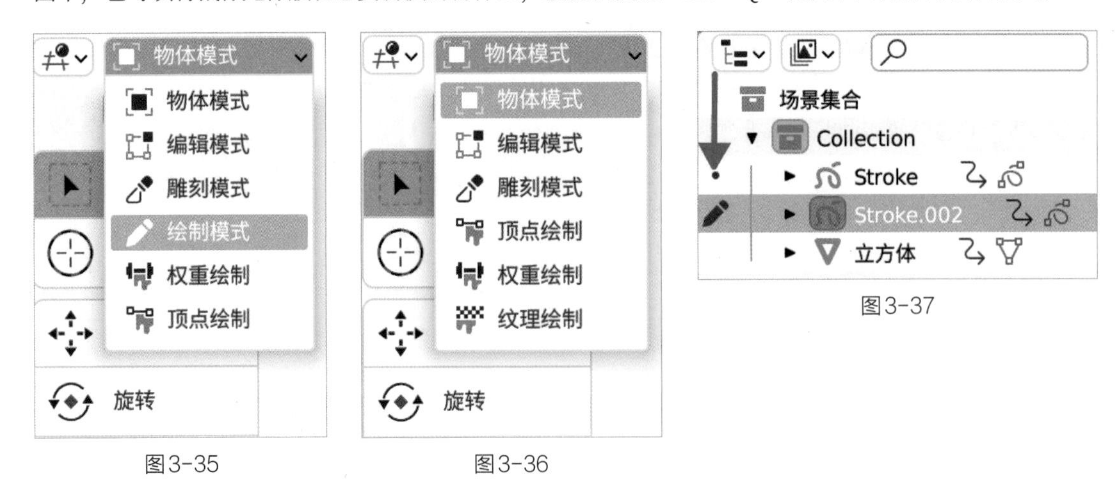

图3-35　　图3-36　　图3-37

3.9 状态栏

在 Blender 中，最下方的区域为状态栏，这个区域非常容易被忽视，然而这个板块其实非常重要，状态栏在使用工具时会显示当前工具的各种快捷键提示，是一个非常实用的功能，如图 3-38 所示。

图3-38

在状态栏的最右侧会显示场景统计数据以及场景内存，以此来判断当前场景的数据量会不会过大，如图 3-39 所示。

Stroke | 层: 2 | 帧: 2 | 笔画: 1 | 点: 75 | 物体:1/2 | 内存: 53.9 MiB

图3-39

在 Blender 偏好设置中，找到界面中的“状态栏”选项，可以打开更多的信息显示来帮助你对显存的使用情况和 Blender 版本进行查看，如图 3-40 所示。

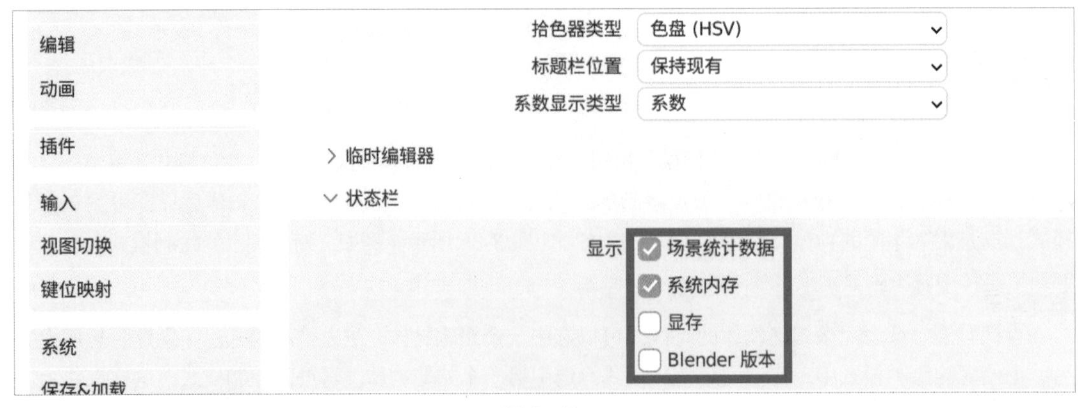

图3-40

3.10 查阅文档

Blender 工具的参数十分复杂，无法简单地对它逐一进行剥离、解析。所以本书只讲述影响比较明显的参数设置，如果想要更加深入地去了解各个功能的参数设置可以翻阅 Blender 官方文档。

当你想要了解任何功能的详细说明时，可以在你想要了解的功能上单击鼠标右键，在弹出的选项中选择“在线手册”，如图 3-41 所示，你就可以在网络浏览器中查看在线手册，浏览器会直接跳转到官方手册该功能的对应文档位置。比如，你想要了解蜡笔图层的洋葱皮功能，你可以在“洋葱皮”功能上单击鼠标右键并选择“在线手册”选项。

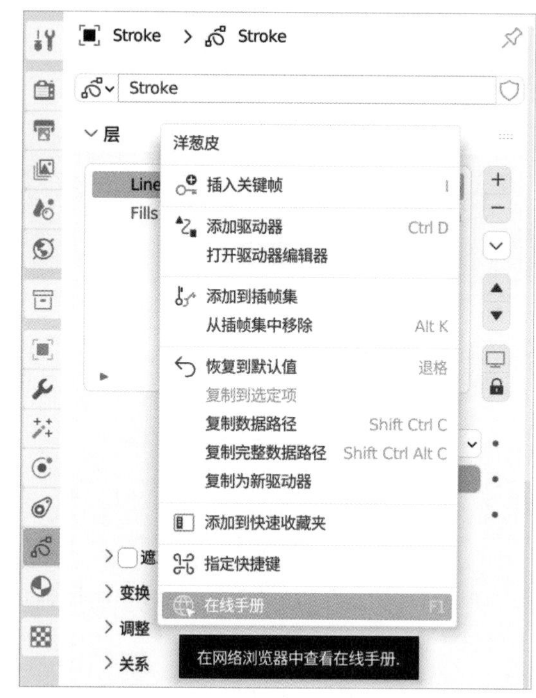

图 3-41

3.11 上下文菜单

在 Blender 中，在大部分的面板上单击鼠标右键就可以弹出上下文菜单，3D 视图中每个模式的上下文菜单功能都不相同，如图 3-42 所示的面板提供了当前模式的一些常用选项。

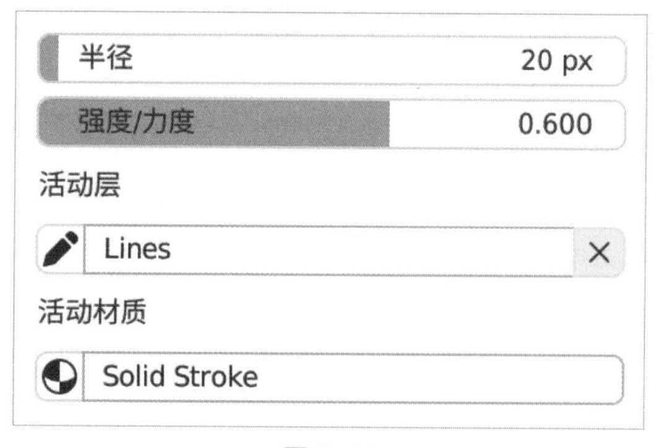

图 3-42

第4章 蜡笔绘制模式：学会绘制单帧作品

本书的第 4 章将介绍 Blender 蜡笔板块的基本功能，学完后你将可以绘制完整的单帧作品。

4.1 层功能

Blender 的层功能，也就是大部分软件所说的图层功能。单说“层功能”因为并不是特别顺口，并且辨识度不高，所以，在本书中，“层”会被称为“图层”。

在 Blender 的多个位置都可以找到图层功能，以下 3 种是较为常见的方式。

1. 在 3D 视图上单击鼠标右键，会弹出上下文菜单，在这里可以选择图层。除选择图层外，你还可以在这里选择画笔的半径、强度 / 力度，如图 4-1 所示。

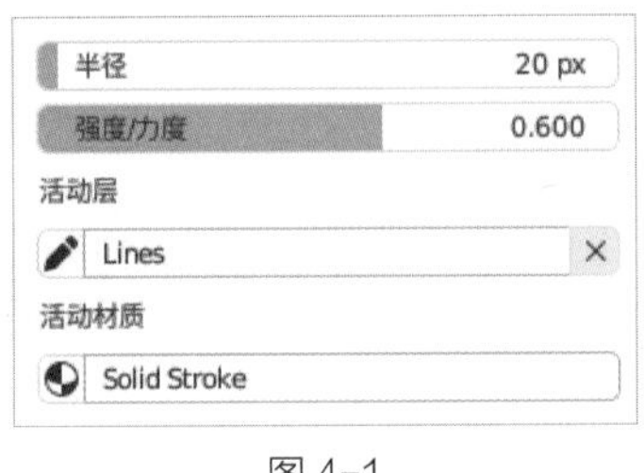

图 4-1

2. 3D 视图的右上角，这里的“层”选项点开后也可以找到图层功能，如图 4-2 所示。

图 4-2

3. 在属性面板的物体属性数据选项中也可以找到图层功能，如图 4-3 所示。

Blender 每个图层都单独拥有“使用遮罩”“开启洋葱皮的显示”“显示隐藏图层”“锁定图层”这几个功能按钮，如图 4-4 所示。

图 4-3

图 4-4

使用遮罩类似于剪贴蒙版功能，在开启遮罩功能后，需要在图层下方的“遮罩”选项栏中选择一个图层作为遮罩，以使当前图层在遮罩层之外的区域不显示图像。这个功能常常用于将瞳孔控制在眼白范围内，如图 4-5 到图 4-7 所示。

图 4-5

图 4-6

图 4-7

洋葱皮功能会显示前后关键帧的影子作为参考，以便观察。通过单击“洋葱皮”按钮可以开启或者关闭洋葱皮显示功能，如图 4-8 和图 4-9 所示。

单击每个图层的“隐藏”和“锁定”按钮可以对相应的图层做出隐藏和锁定的操作，如图 4-10 所示。

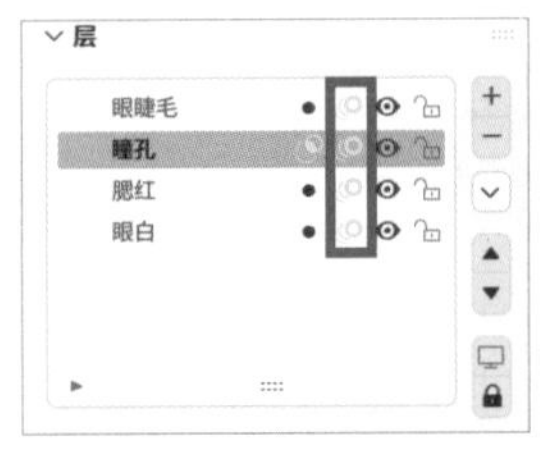

图 4-8

图 4-9

图 4-10

在图层面板的右侧有一些按钮工具，可以用来对图层做出以下调整，如图 4-11 所示。

① 新建图层。

② 删除图层。

③ 向上移动当前图层。

④ 向下移动当前图层。

⑤ 只显示当前图层。

⑥ 锁定当前图层外的所有图层。

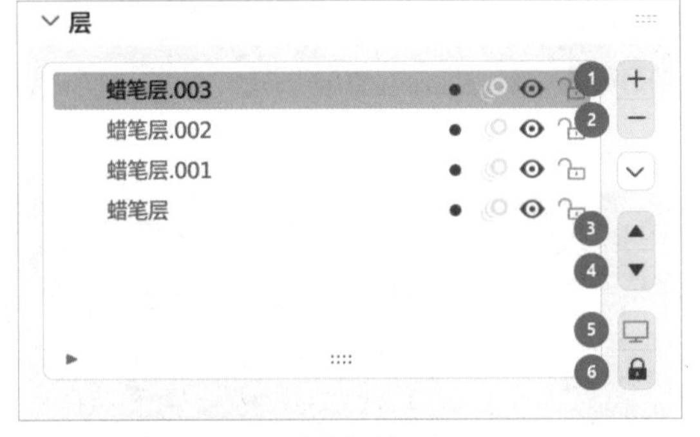

图 4-11

在“⌄”图标里有更多的功能选项，笔者比较喜欢使用“自动锁定非活动层”功能。该功能开启后，在选择某个图层的时候就会自动锁定除活动项外的所有图层，以避免意外修改，如图 4-12 所示。不过即使画错了图层，你也可以在编辑模式里选中误画的笔画移动到（按快捷键“M”）正确的图层。

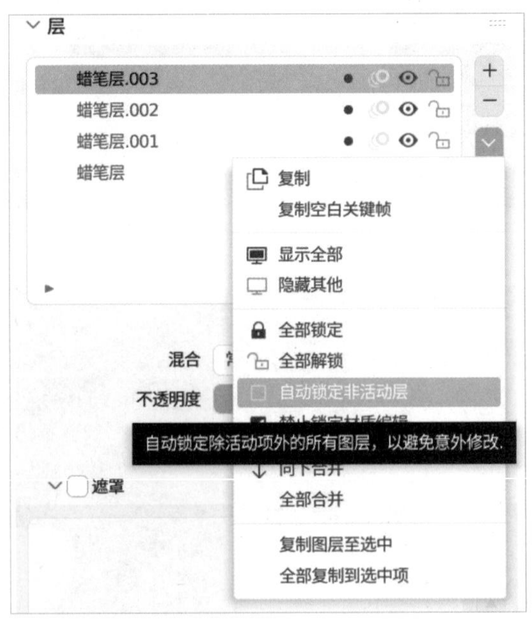

图 4-12

4.2 快速收藏夹

上一节中提到了“自动锁定非活动层”功能，但是因为这个功能藏在“更多”选项的按钮里，使用起来很不方便，所以你可以单击鼠标右键，选择“添加到快速收藏夹”，如图 4-13 和图 4-14 所示。以后在 3D 视图按快捷键“Q”，就可以快速调用这个功能。在快速收藏夹中加入一些比较常用的功能，会使工作效率大大提升。

当你需要移除某个功能的快速收藏夹时，按快捷键“Q”，在需要移除的功能上单击鼠标右键，选择“从快速收藏夹中移除”即可，如图 4-15 所示。

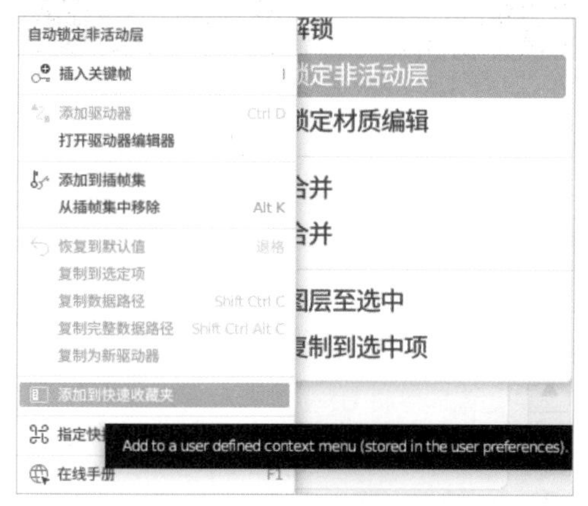

图 4-13

图 4-14

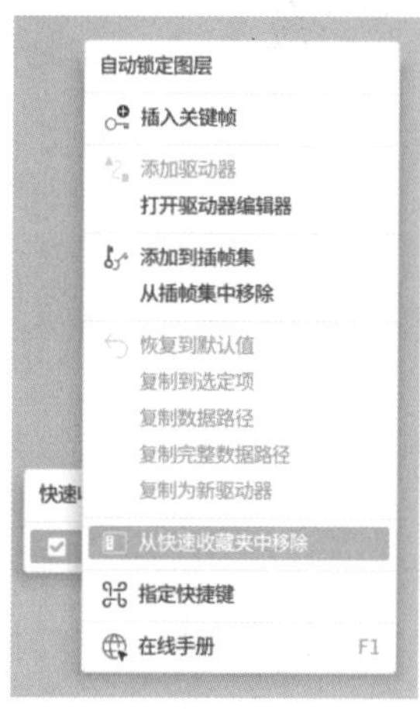

图 4-15

4.3 图层混合与灯光应用

在 Blender 中，你可以对每个材质或着色器节点的“混合”模式和“不透明度”进行调整，如图 4-16 所示。

对于内容创作者来说，不需要太过于深究图层混合模式的原理，只需要分辨出这些模式能产生的视觉效果即可。例如，常规模式会让当前材质覆盖其下方的材质；硬光、相减、正片叠底等模式都会让图像变暗；相加模式会让图像变亮、相除模式根据混合前后的 2 个颜色对比会导致颜色变亮或变暗，如图 4-17 所示。

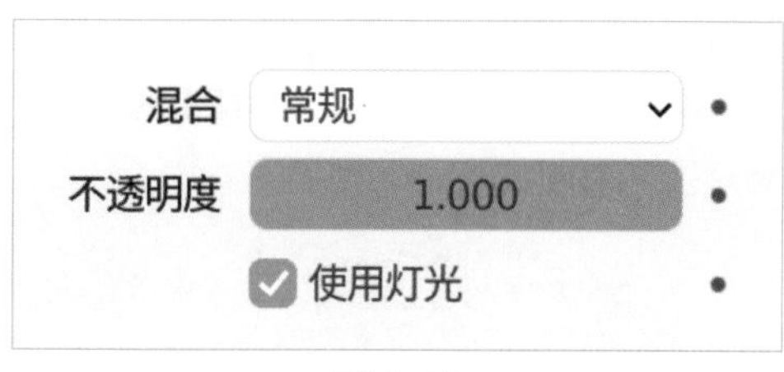

图 4-16

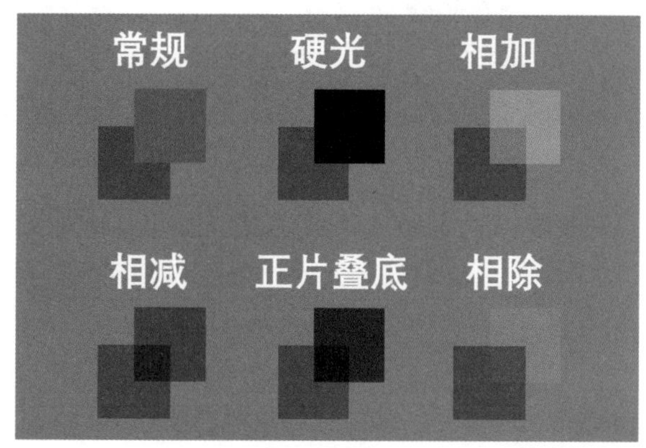

图 4-17

如何为当前选中的图层打开灯光呢？在默认情况下，所有图层都会勾选“使用灯光”，如图 4-18 和图 4-19 所示；在物体模式下新建一个灯光，就可以使用这个灯光来照亮蜡笔，如图 4-16 所示。

图 4-18

图 4-19

4.4 绘制模式工具

在 Blender 中，不同的模式拥有不同的工具，你可以在 3D 视图的左上角切换模式，快捷键是“Ctrl + Tab”，如图 4-20 所示。将鼠标光标移动到 3D 视图工具 UI 的边缘即可将 UI 拉宽显示工具名称，如图 4-21 和图 4-22 所示。

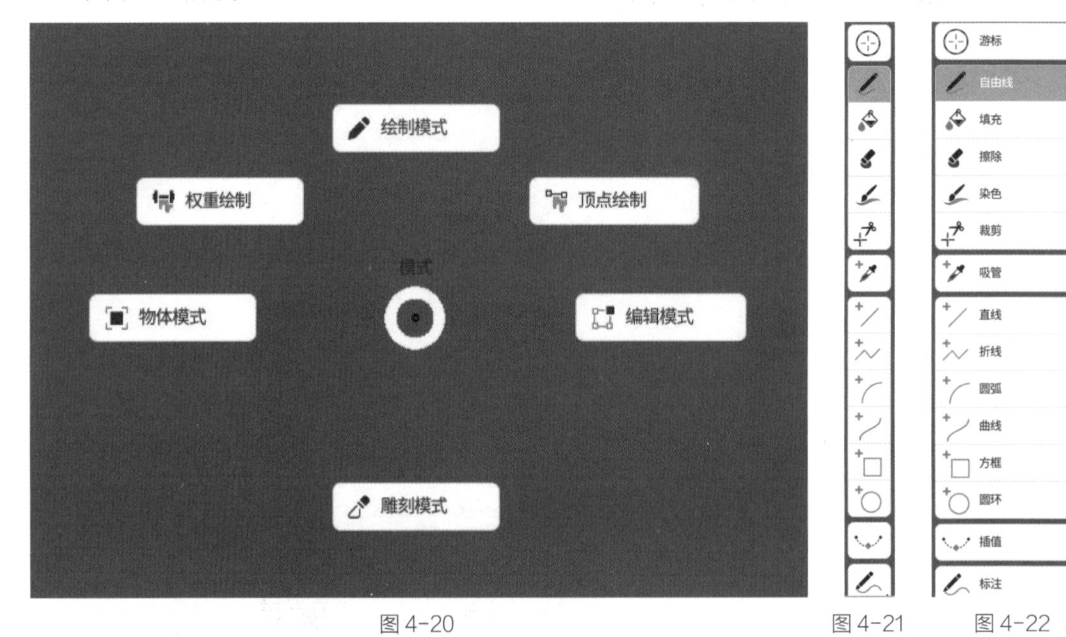

图 4-20　　图 4-21　　图 4-22

不管是什么工具，在选中该工具之后，都可以在 3D 视图的顶部找到这个工具的相关设置，如图 4-23 所示。此外，还可以在属性面板找到该工具的设置，如图 4-24 所示。图 4-23 和图 4-24 这两个地方的工具选项是相同的，只是显示的位置不同，在其中一个地方更改参数后另外一个地方的参数也会随之更改。

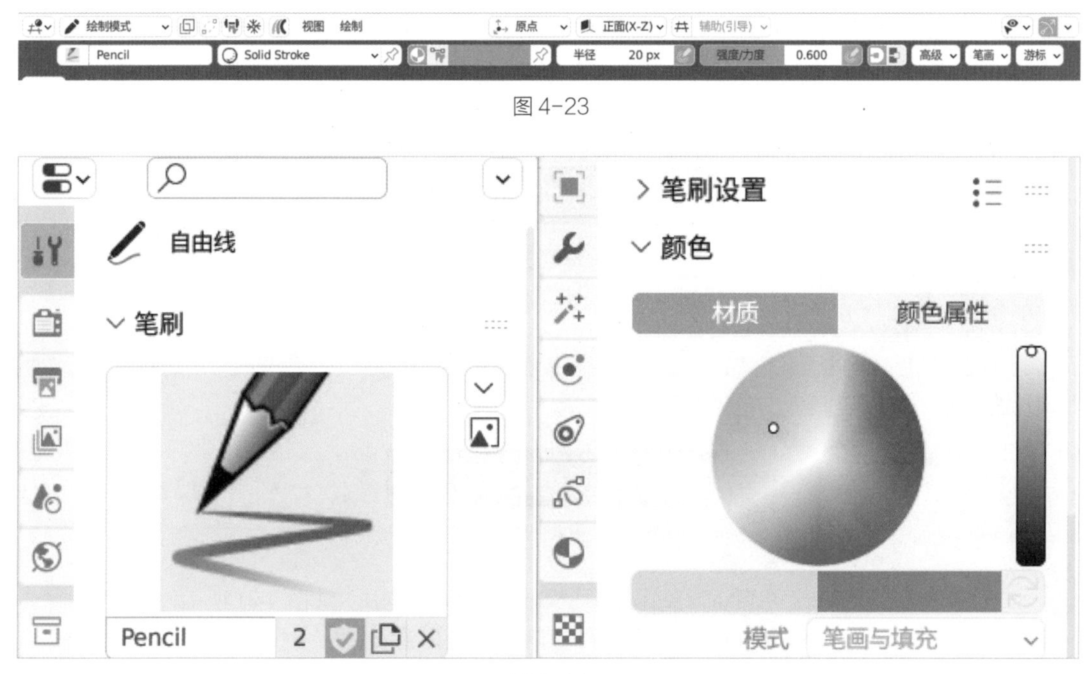

图 4-23

图 4-24

4.4.1 画笔

“自由线”工具就是画笔，在绘制模式选中“自由线”工具后就可以开始绘画了，如图 4-25 所示。

你可以在顶部的工具栏切换画笔笔刷、选择材质、调整笔刷半径（按快捷键“F”）、调整笔刷强度 / 力度（按快捷键“Shift + F”），如图 4-26 和图 4-27 所示。

图 4-25

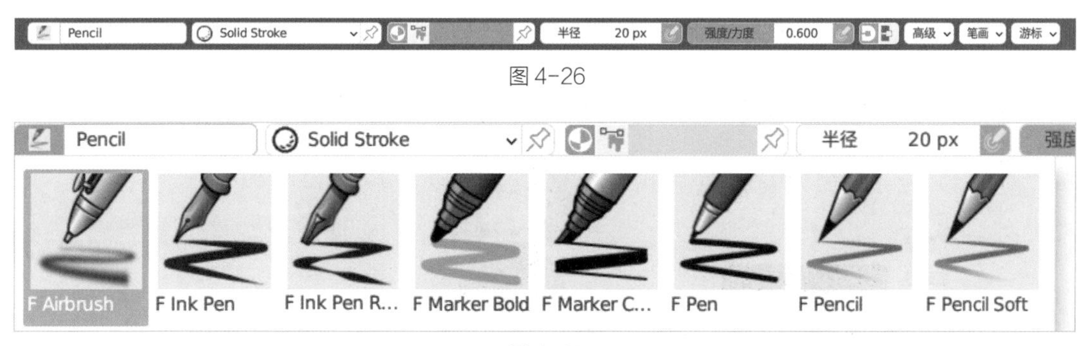

图 4-26

图 4-27

如果有接入数位屏和数位板设备，可以通过单击“压感”按钮开启数位板的压感功能，如图 4-28 所示。

图 4-28

4.4.2 颜色材质和颜色属性

在顶部的工具设置区域，有两种不同的颜色选择方式，第一种为颜色材质，第二种为颜色属性，如图 4-29 所示。在大部分情况下，笔者会选择使用颜色材质的方式来选择颜色，以便后期调整颜色。

图 4-29

1. 颜色材质

当你使用颜色材质的方式选取颜色时，无法直接在顶部的工具设置区域里更改材质的颜色，而需要在属性面板的材质设置内更改颜色，如图 4-30 所示。

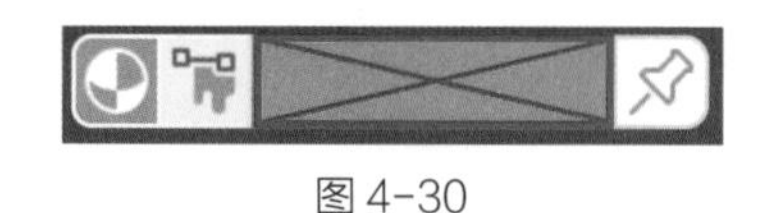

图 4-30

当你需要添加不一样的颜色时，需要到材质面板新建一个颜色材质，如图 4-31 所示。虽然每次需要一个新的颜色时就要新建一个颜色，显得很麻烦，但是实际使用起来会得到对应的便利，若后期需要调整颜色你只需要更改对应的材质即可，如图 4-32 和图 4-33 所示。

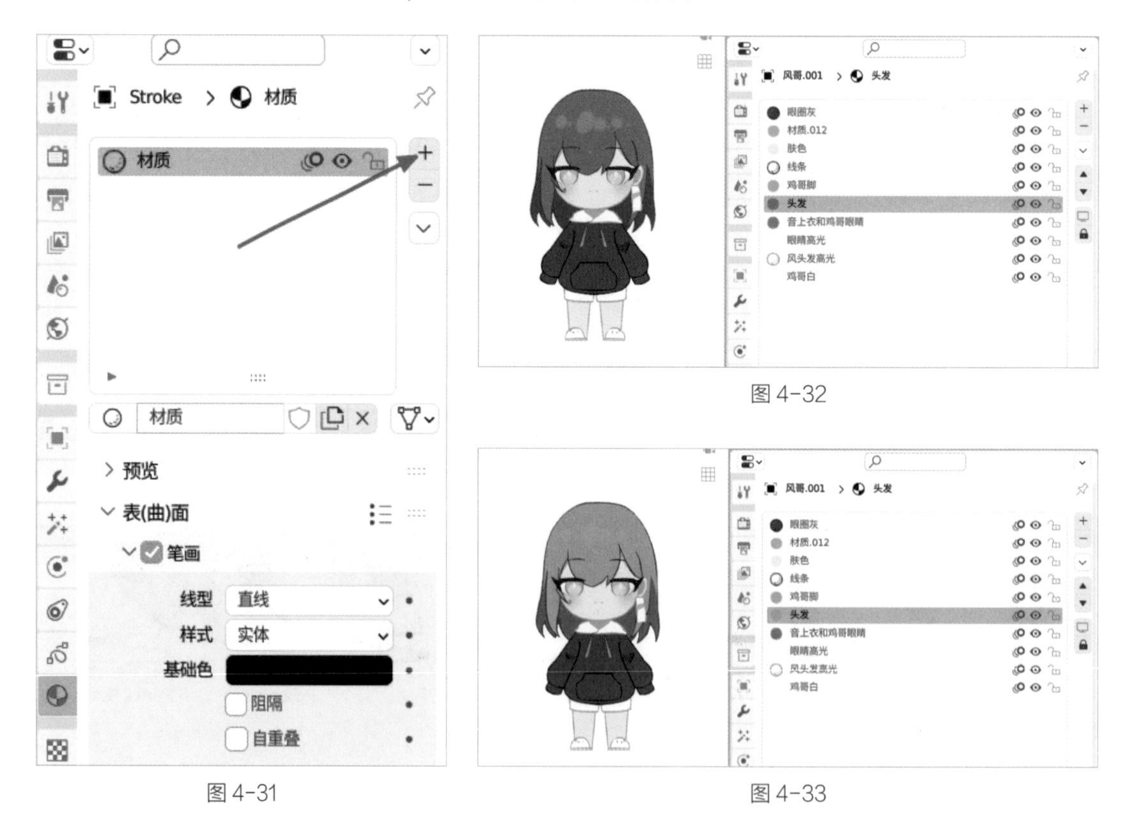

图 4-31

图 4-32

图 4-33

此外，材质还能使用填充功能。当你在材质面板“表（曲）面”选项里开启了填充功能后，绘制笔画时笔画内部就会被填充上指定的颜色，如图 4-34 和图 4-35 所示。

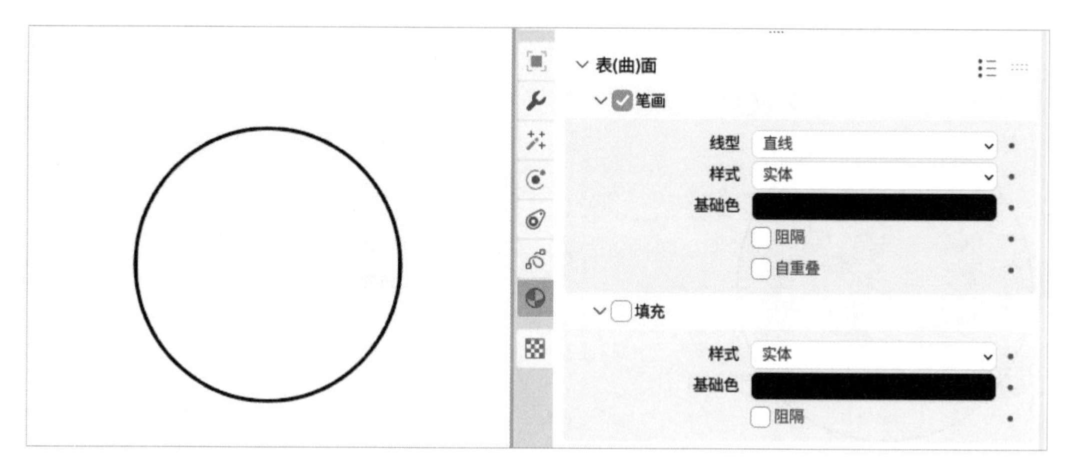

图 4-34

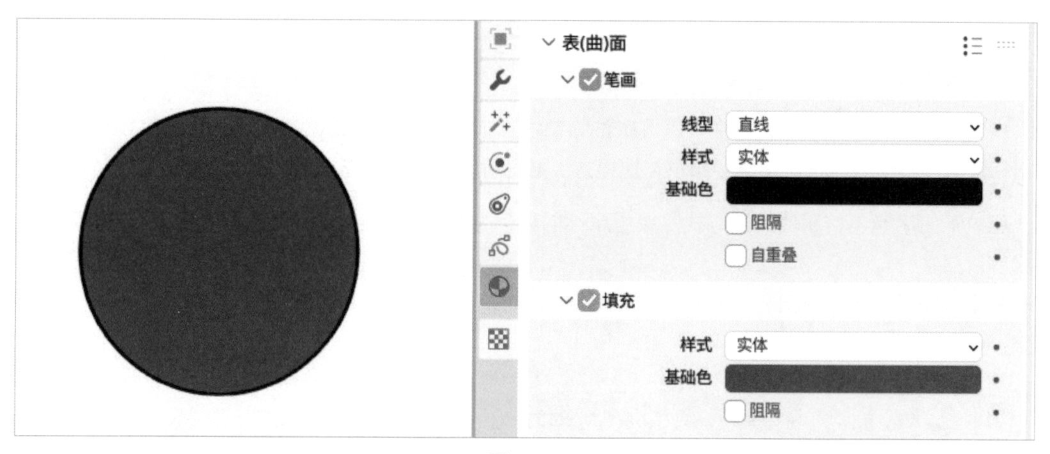

图 4-35

你还可以通过更改填充的样式，将填充的样式设置为“梯度渐变”或应用外部的“纹理”图像，如图 4-36 和图 4-37 所示。

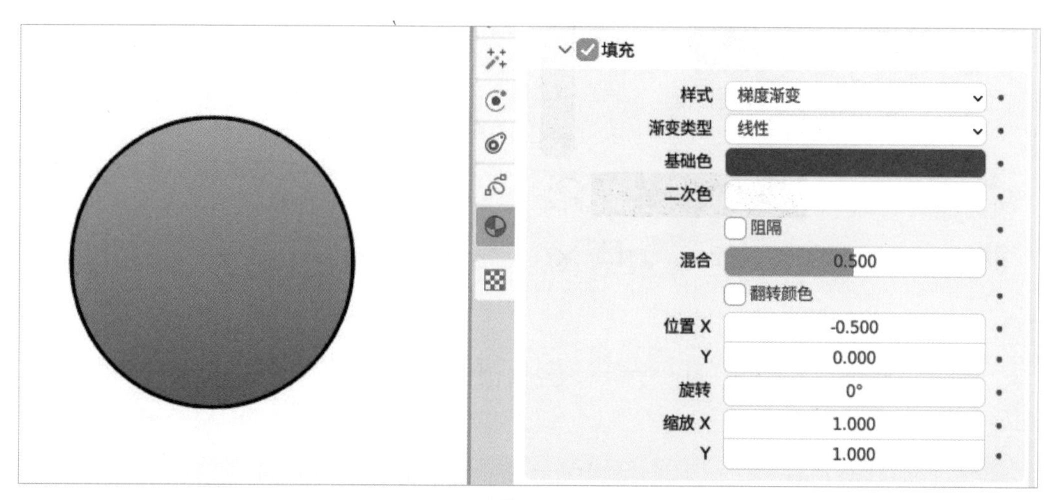

图 4-36

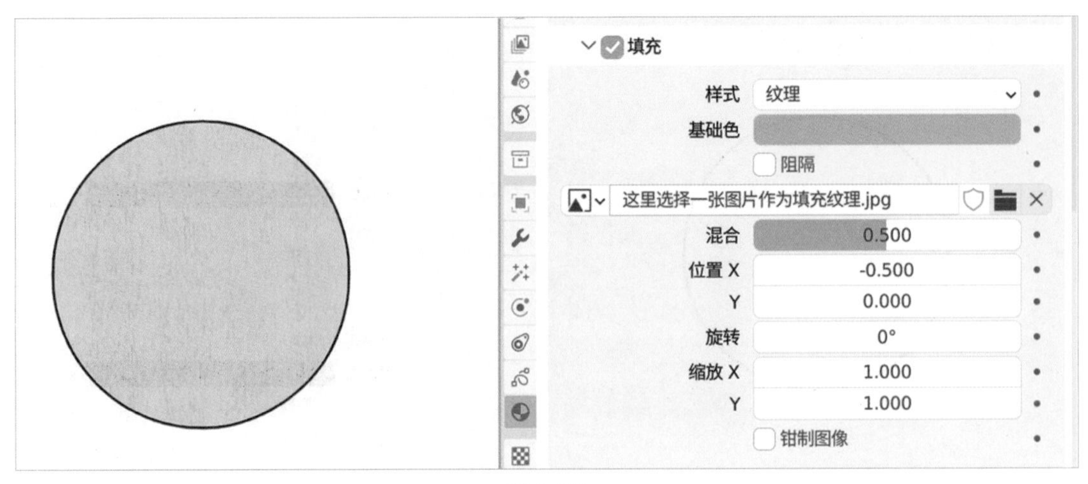

图 4-37

2. 颜色属性

当需要从颜色材质的方式切换到颜色属性的染色方式时，可以在 Blender 顶部的工具设置区域中，单击相应的按钮从颜色材质切换到颜色属性模式，再使用颜色拾色器选择你需要的颜色，如图 4-38 所示。

相较于使用颜色材质的染色方式，颜色属性的染色方式更接近传统的选色和上色方法。然而，这种方式的后期修改可能会较为烦琐，因为它不允许你通过选中材质来快速区分和调整颜色。当你使用颜色属性时，可以通过在 Blender 的视图窗口中单击鼠标右键弹出“上下文”菜单，直接从中选择颜色进行调整，如图 4-39 所示。

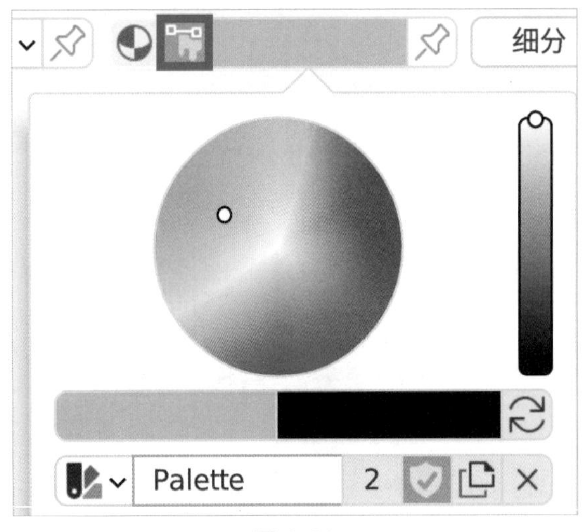

图 4-38

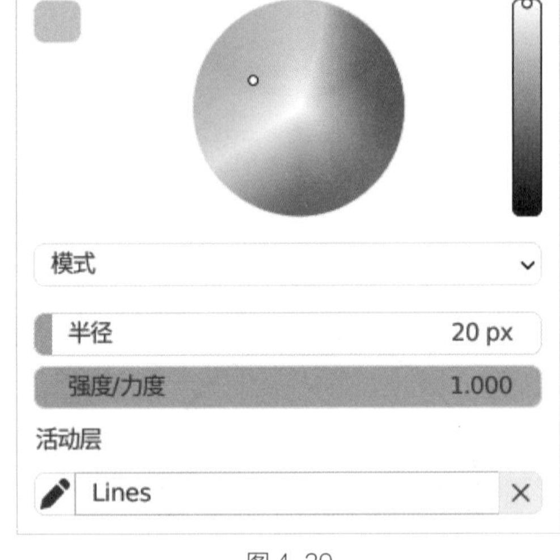

图 4-39

在属性面板的“颜色”选项中，可以找到颜色属性的调色板，调色板可以帮助你快速选择相同的颜色，如图 4-40 所示。

调色板面板在 3D 视图顶部的工具设置栏中的顶点选色中同样可见，如图 4-41 所示。

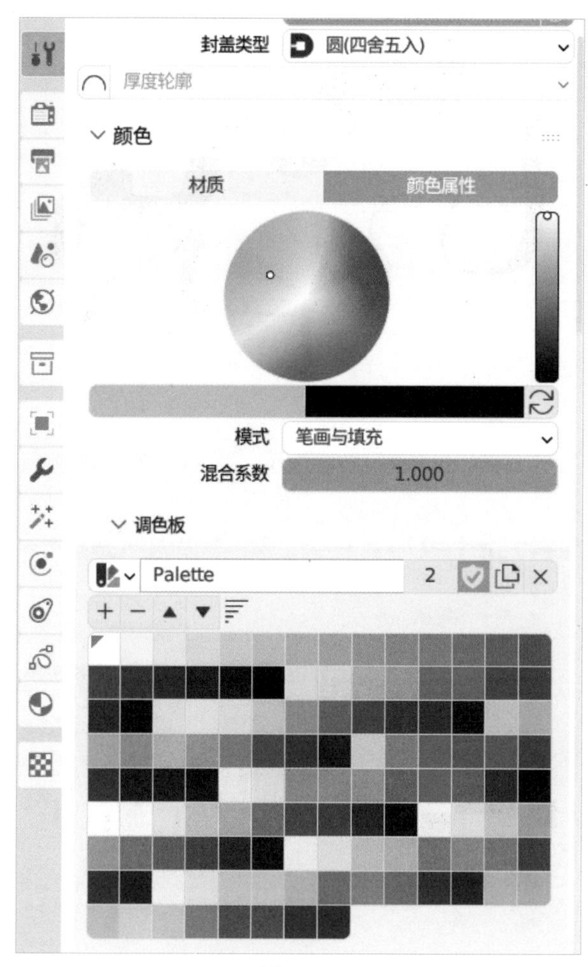

图 4-40

图 4-41

3. 画笔的高级设置

在顶部的工具设置区域中，你还可以通过“高级”选项设置一些额外的参数，如图 4-42 所示。

属性面板中各参数的功能如下所示。

输入采样：此参数影响 Blender 在读取和绘制线条时的采样速度与质量。一般来说，“输入采样”参数值越大，线条的绘制效果越平滑细腻。保持默认值“10”通常可以获得最佳的效果。

激活光滑：此参数用于线条防抖能够自动平滑线条，使绘制的线条更加流畅和美观。

角度：此参数用于控制线条绘制时根据绘制角度变化粗细的效果，如图 4-43 所示。

系数：用于控制角度变化对线条粗细影响的强度。

硬度：此参数用于调整线条或笔触的边缘锐利度。

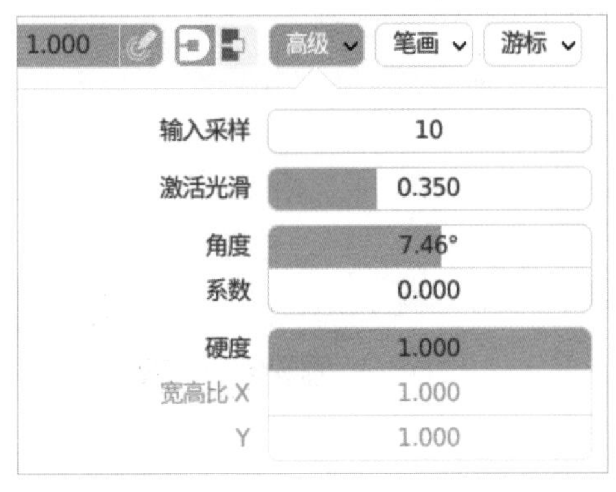

图 4-42

图 4-43

宽高比：此参数用于更改线条的宽高比，这个功能只能在材质笔画的“线型”为“点”或“方形”时使用，如图 4-44 到图 4-46 所示。

图 4-44

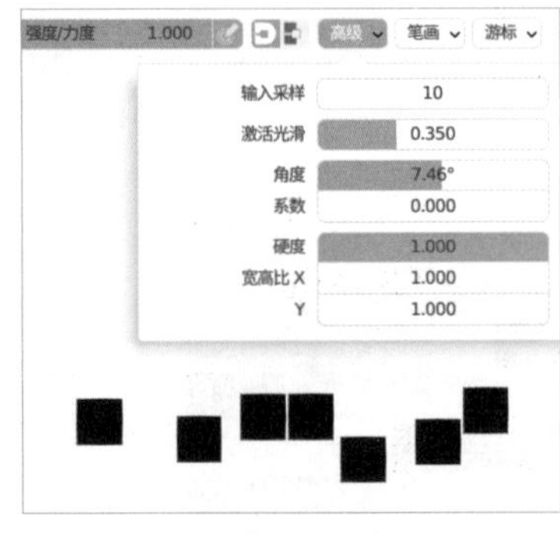

图 4-45

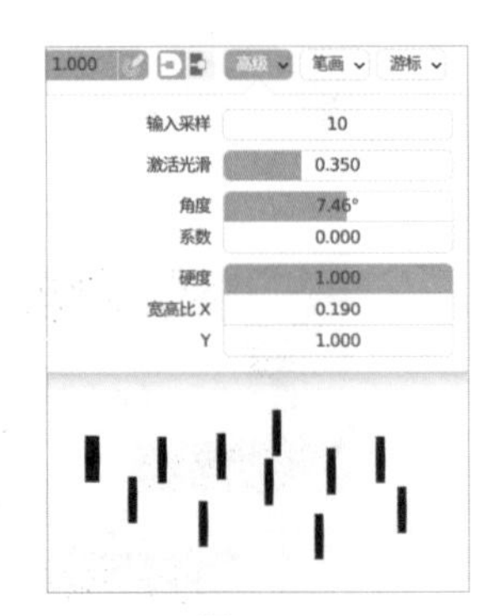

图 4-46

4. 画笔的后期平滑和随机变化

在“高级”选项的右边还有一个“笔画”设置，如图 4-47 所示。

属性面板中各参数的功能如下所示。

后期处理：对线条进行后期优化，激活后可以调整“平滑”“迭代”“细分步数”“简化”这 4 个参数，以下是每个参数的详细解释。

①平滑：平滑可以使线条更平滑，去除线条的抖动感。

②迭代：迭代的次数可以重复平滑的次数，但是要注意，过多的迭代会丢失线条中的细节。

③细分步数：“细分步数”的值越大会让线条的顶点数量越多。

④简化：“简化”的值越大会让线条的顶点数量越少。顶点过多会引起卡顿，顶点过少会影响笔画的外观形状。

修剪笔画末端：自动处理笔画的结尾处，通常不推荐开启该功能。

随机：这个功能开启之后可以让笔画随机化，调整它的参数可以更改相应的随机强度。需要注意的是，色相、饱和度、值（明度）需要在颜色属性的选色方式下才可以使用，如图 4-48 和图 4-49 所示。

笔画防抖：和后期处理的平滑不同，笔画防抖是在绘制时就进行平滑处理。在启用笔画防抖后，可以根据自己的需要调整强度。即使没有开启此功能，也可以在绘制笔画的同时按住“Shift”键来临时启用这个功能。

图 4-47

图 4-48

图 4-49

4.4.3 复制材质

在物体模式下，先选中需要添加材质的蜡笔，再选中拥有材质的蜡笔，在材质面板的更多功能中选择“复制材质至选中”选项，如图 4-50 所示。

图 4-50

4.4.4 填充

“填充”工具如图4-51所示。

图4-51

使用“填充”工具时，需要确保当前使用的材质已开启“填充”选项，才能正确填充，如图4-52到图4-54所示。

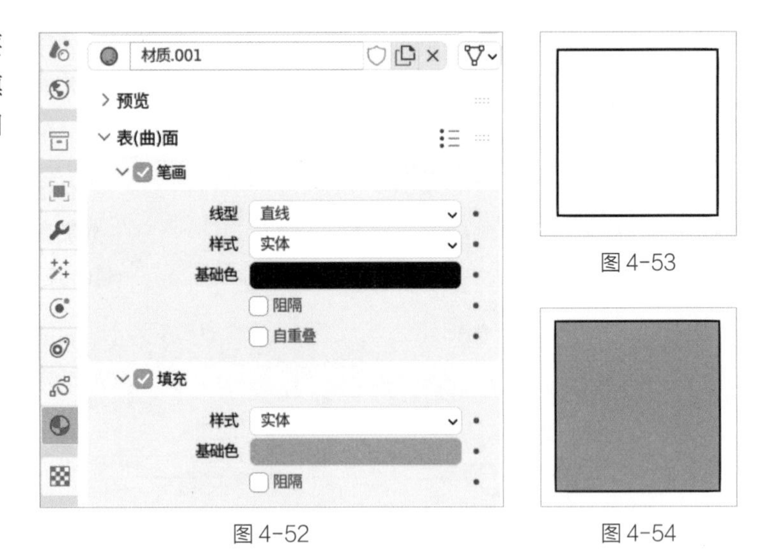

图4-52　图4-53　图4-54

当使用“填充”工具时，按住“Shift”键可以把“填充”工具临时切换为画笔进行图案的绘制；按住“Alt”键就可以画出填充边界的标注，用来临时做图形或者做封边处理，如图4-55和图4-56所示。

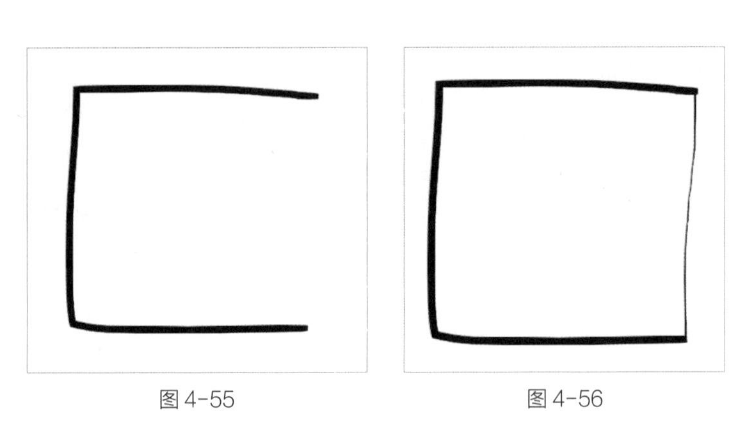

图4-55　图4-56

当你不需要这些标注时，可以在3D视图的左上角执行“绘制→清理→所有帧的边界笔画”命令，如图4-57所示。

图4-57

“填充”工具的工具设置栏可以设置“精度”“膨胀 / 收缩”“厚（宽）度”，如图 4-58 所示。“填充”工具是基于屏幕空间进行计算的，所以当你需要填充某个区域时，把画面上的这个区域进行放大可以提升填充精度。

图 4-58

精度：“精度”值越高，填充的效果越好，同时还会影响填充笔画的顶点数量，如图 4-59 所示。

膨胀 / 收缩：使填充效果溢出限定区域，或者收缩至小于限定区域，如图 4-60 所示。

厚（宽）度：调整笔画的最外圈的粗细度，如图 4-61 所示。

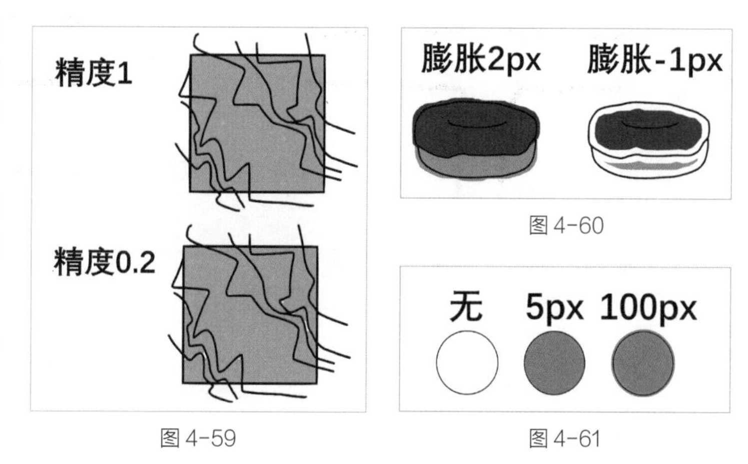

图 4-59

图 4-60

图 4-61

在“填充”工具的“高级”选项中，你可以设置如下参数来进一步控制填充功能，如图 4-62 所示。

边界范围：将要被填充的区域的边界。

层：设置后图层会被当作填充边界的参考。

简化：降低填充的精度。

忽略透明：根据透明度决定是否作为边界参考。

间隙闭合：使用间隙闭合的功能可以使未封闭的图形得到正确的填充效果，间隙闭合里面的选项通常不会在这里调整。当使用填充工具时，可以单击该工具后使用鼠标滚轮来调整蓝色辅助线的长短，当蓝线相交时，再次单击就可以填充非封闭的图形，如图 4-63 所示。

图 4-62

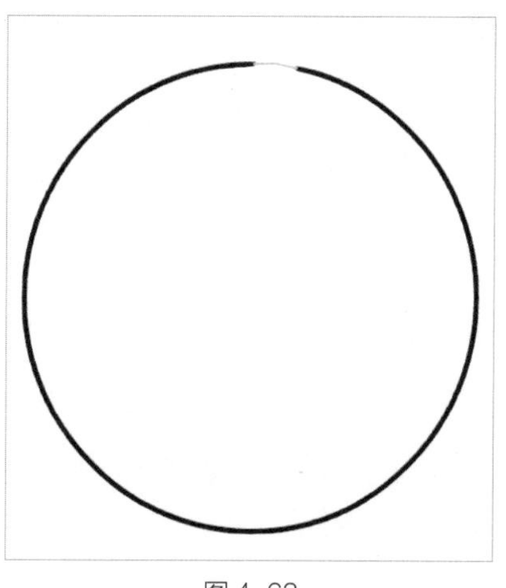

图 4-63

此外，在调整辅助线长短时，可以按快捷键“S”来切换间隙闭合的模式至半径模式，在半径模式下非常适合填充平行的开放图形，如图 4-64 和图 4-65 所示。

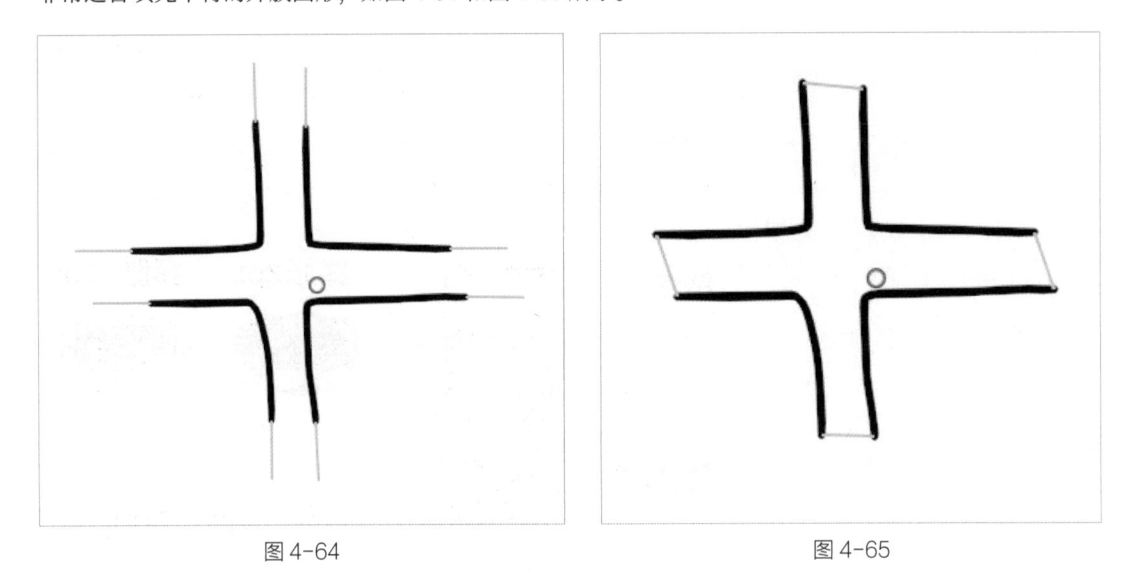

图 4-64　　图 4-65

4.4.5　擦除

“擦除”工具如图 4-66 所示。

图 4-66

“擦除”工具可以用于擦除笔画，也可以选择不同的预设工具来得到不一样的擦除效果，如图 4-67 所示。

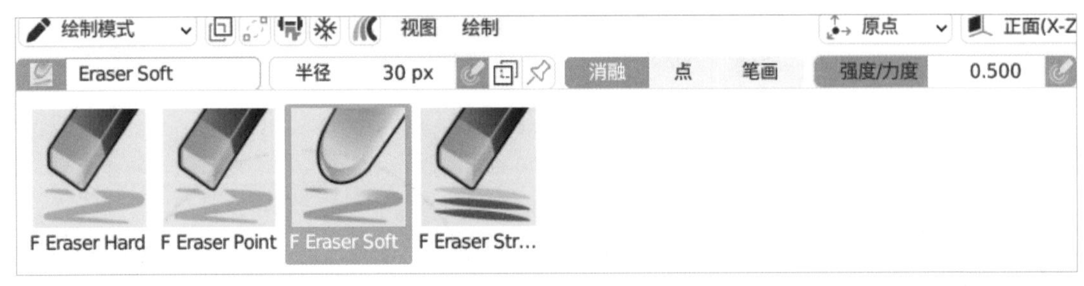

图 4-67

当你使用画笔工具时，可以按住“Ctrl”键来临时使用“擦除”工具。

在使用画笔工具或者“擦除”工具时，你可以按快捷键“B”来框选要删除的区域。

4.4.6　染色

“染色”工具如图 4-68 所示。

图 4-68

“染色”工具可以对已经画好的线条进行染色，而画笔工具使用颜色属性画出来的线条其实也是在材质的基础上进行了染色，如图 4-69 和图 4-70 所示。

图 4-69

图 4-70

如果想要清除染色，需要从绘制模式切换到顶点绘制模式，并执行“图像绘制→重置顶点色”命令，如图 4-71 所示。

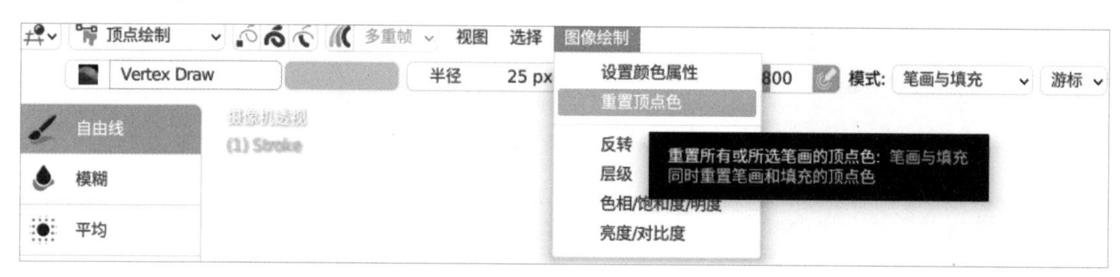

图 4-71

4.4.7 裁剪

“裁剪”工具如图 4-72 所示。

图 4-72

使用“裁剪”工具可以裁剪多余的线头，如图 4-73 和图 4-74 所示。

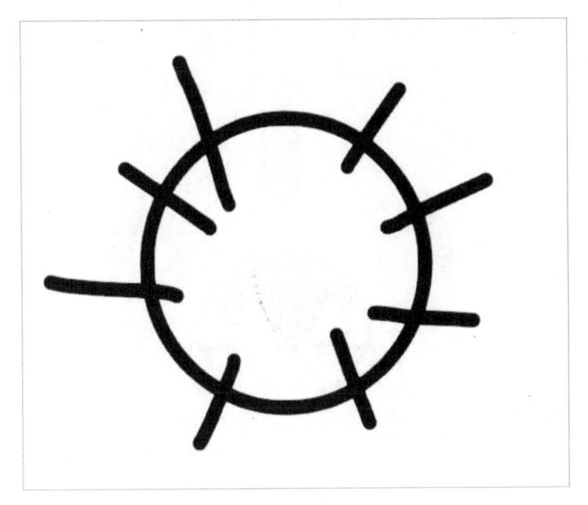

图 4-73

图 4-74

4.4.8 吸管

“吸管”工具如图 4-75 所示。

使用“吸管”工具可以创建一个新的颜色。在 3D 视图左上角的“模式切换”按钮下会出现关于“吸管”工具的“模式切换”按钮。当模式为“材质”模式时，会创建新的材质；当模式为“调色板”模式时，会创建新的调色板颜色，如图 4-76 所示。

图 4-75

图 4-76

4.4.9 线条、图形工具

Blender 的线条工具类似于绘画软件的钢笔工具，如图 4-77 所示。

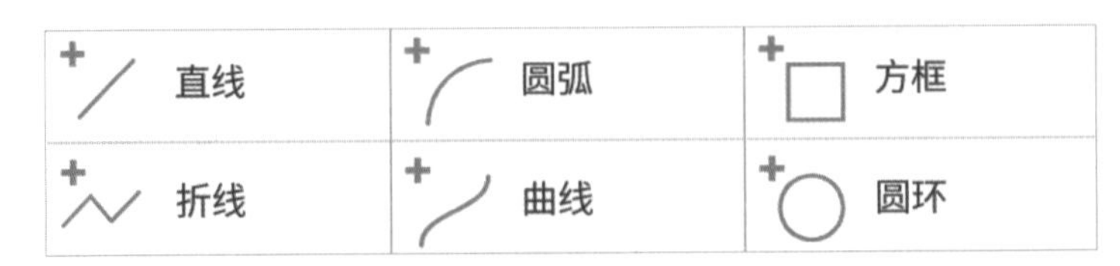

图 4-77

在使用线条工具之后，你可以拖动黄色和蓝色的控制点来控制线条的变化，如图 4-78 所示。

调整 3D 视图顶部的工具设置栏中的“半径”和“强度 / 力度”两个参数可以控制线条，如图 4-79 所示。

细分次数会影响线条的顶点数量，例如，较少的细分次数可以让圆形工具画出三角形。当你添加线条或者图形时，滚动鼠标滚轮可以快速调整细分次数，如图 4-80 所示。

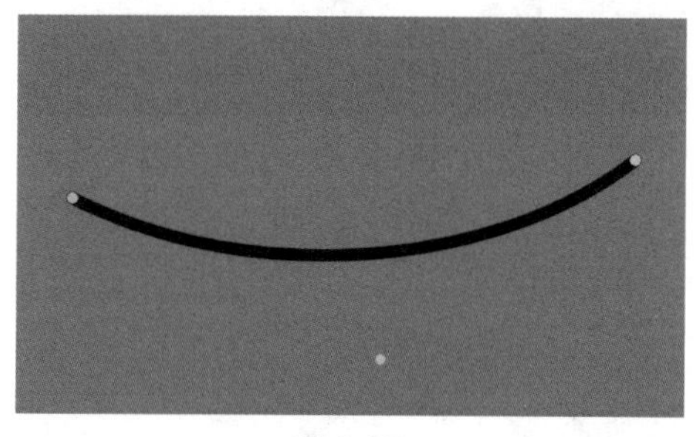

图 4-78

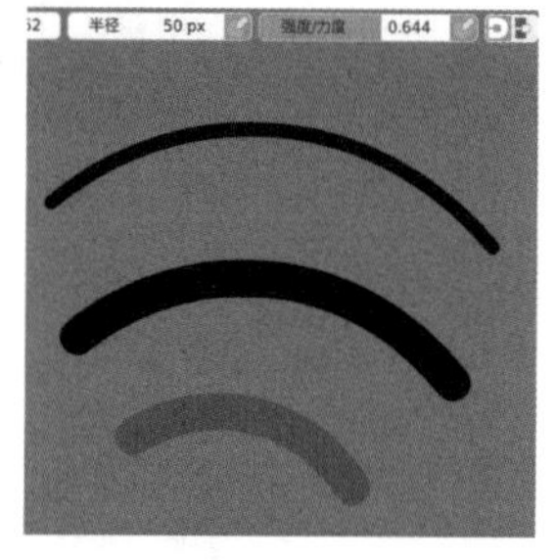

图 4-79

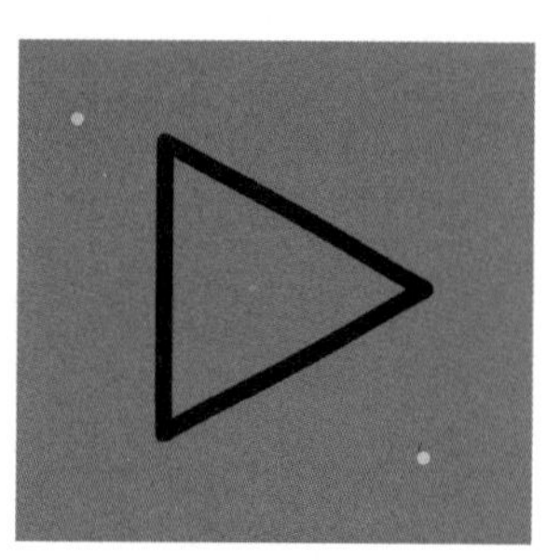

图 4-80

启用“厚度轮廓”选项，可以得到粗细有变化的线条效果，如图 4-81 所示。

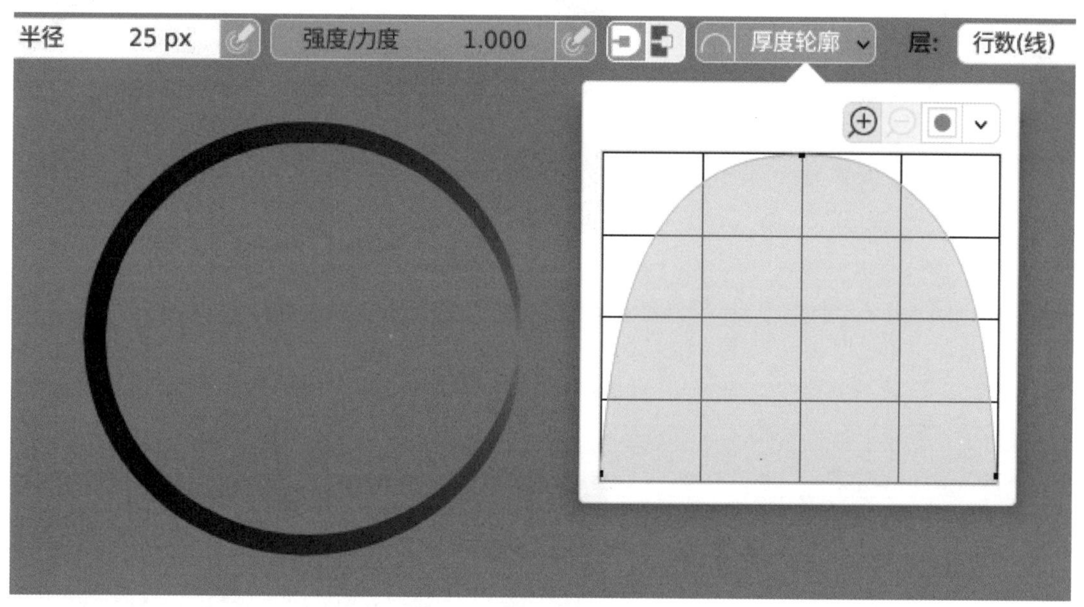

图 4-81

在使用线条工具时，可以按快捷键“E”继续下一段线条的绘画，如图 4-82 和图 4-83 所示。

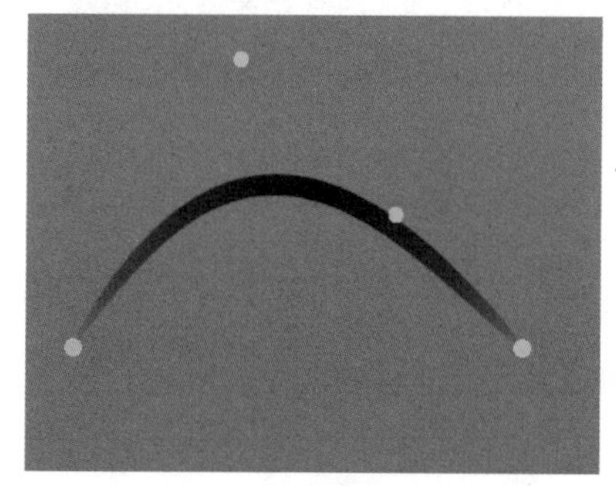

图 4-82

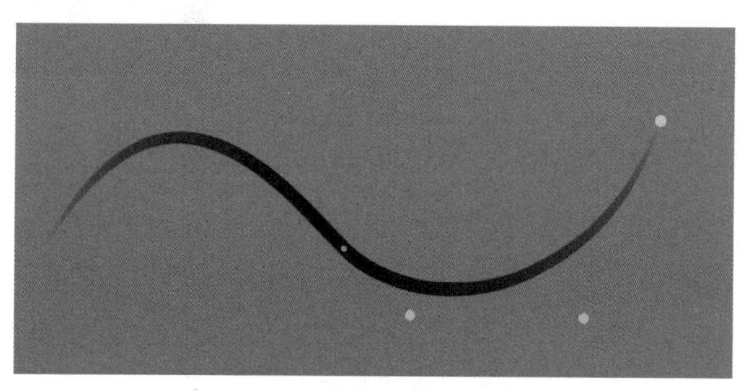

图 4-83

在使用线条工具时，按住“Shift”键可以画出直线。在使用图形工具时，可以画出 1 ：1 的图形，如图 4-84 所示。

在添加线条或者图形时，使用“Alt”键可以使图形沿中心点发生变化。

图 4-84

4.5 练习：尝试去画点什么

学完以上的绘画相关功能性知识，你可以尝试绘制一个自己的卡通头像，在这里笔者将绘制一个熊猫头像，效果如图 4-85 所示。

图 4-85

（1）启动 Blender 后，选择“二维动画”布局预设，如图 4-86 所示。

图 4-86

（2）在属性面板的物体数据选项中找到“层”选项，将 Blender 默认创建的图层删除，如图 4-87 所示。

图 4-87

（3）在“层”选项中，创建 3 个图层，并将这 3 个图层命名为“草稿”“线稿”“颜色”，你也可以根据自己的需要多创建一些图层，如图 4-88 到图 4-90 所示。

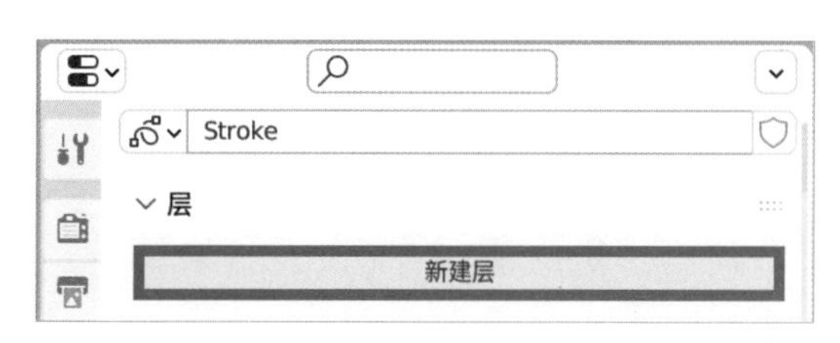

图 4-88

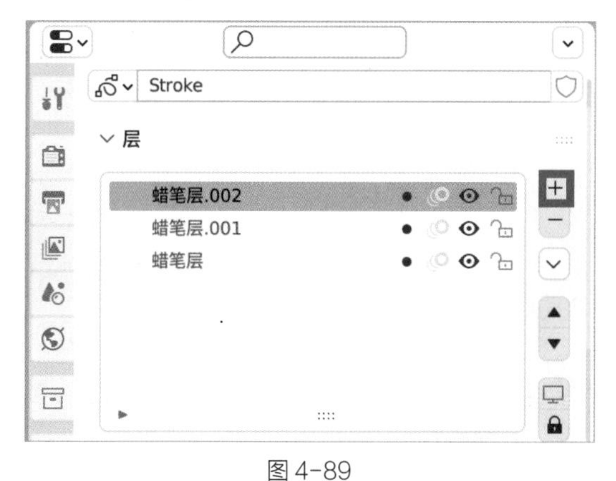

图 4-89

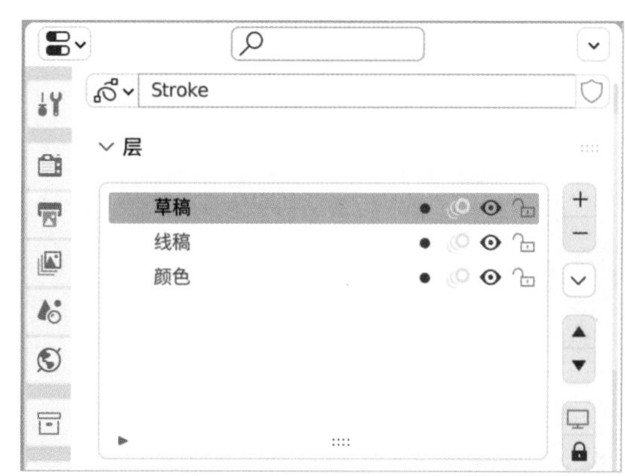

图 4-90

（4）在属性面板的材质属性选项中，删除 Blender 默认创建的材质，如图 4-91 所示。

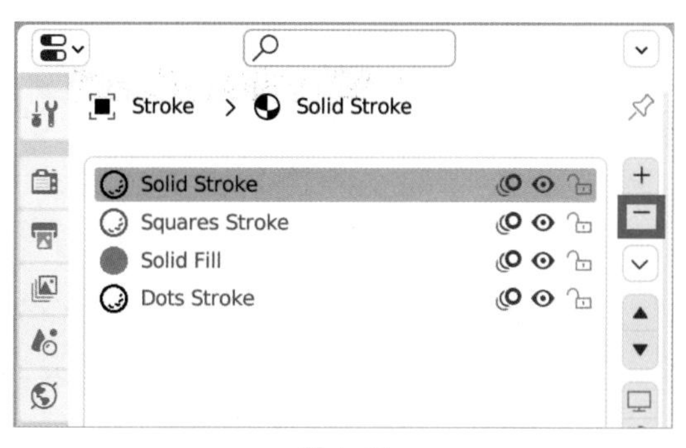

图 4-91

(5) 在属性面板的材质属性选项中创建 1 个材质，命名为“黑色线条”，使用这个材质来绘制线稿，如图 4-92 和图 4-93 所示。

图 4-92

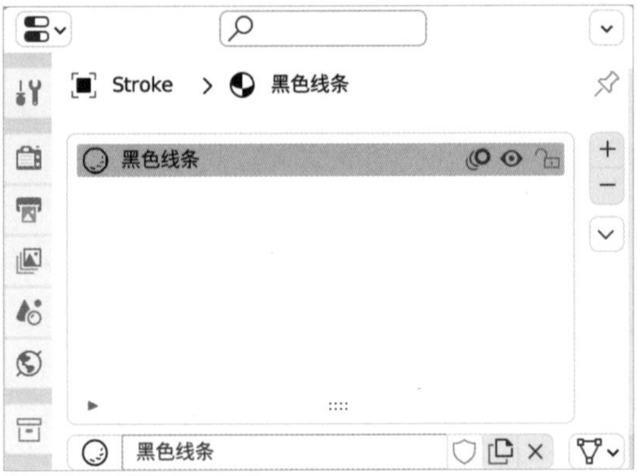

图 4-93

(6) 在材质属性选项中创建 5 个材质，分别命名为“绿色”“灰蓝”“灰色”“白色”“蓝紫”，如图 4-94 所示。

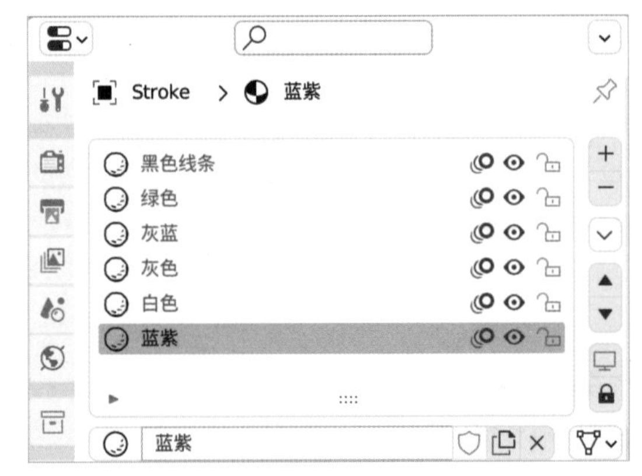

图 4-94

(7) 找到属性面板的材质属性选项中的“表（曲）面”选项，将这 5 个材质的笔画功能关闭，如图 4-95 所示。

(8) 开启这 5 个材质在“表（曲）面”选项中的填充功能，如图 4-96 所示。

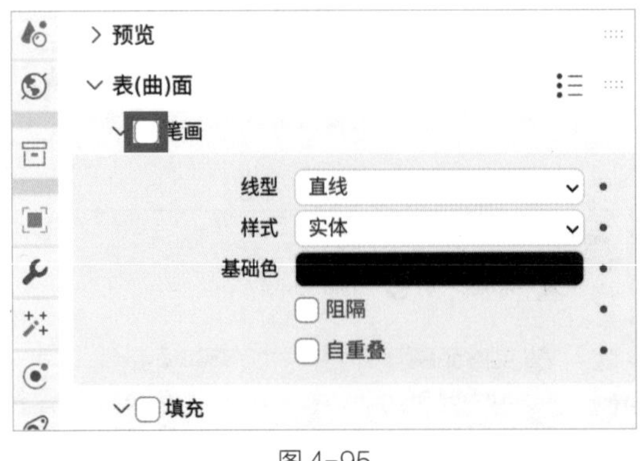

图 4-95

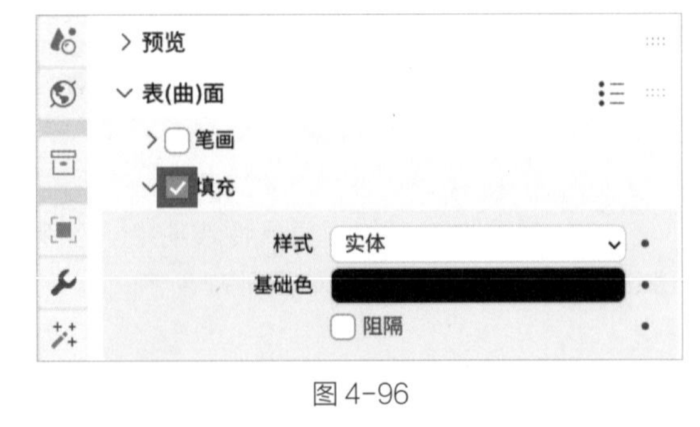

图 4-96

(9) 更改这 5 个材质的“填充”选项中的“基础色”为各自对应的颜色，如图 4-97 所示。

(10) 在为这 5 个材质选取颜色时使用 Hex 模式，输入以下数值来实现和图 4-85 中熊猫头像相同的颜色效果，如图 4-98 所示，黑色线条设为“000000”，灰蓝线条设为“8BA1B8”，灰色线条设为“434342”，白色线条设为“F9F9F9”，蓝紫线条设为“DDDBF0”。

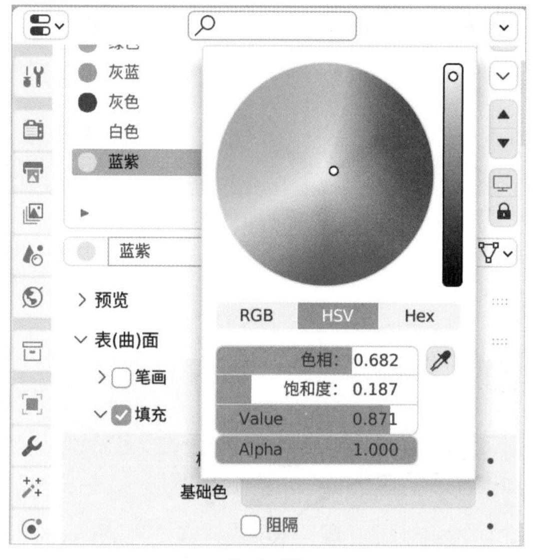

图 4-97

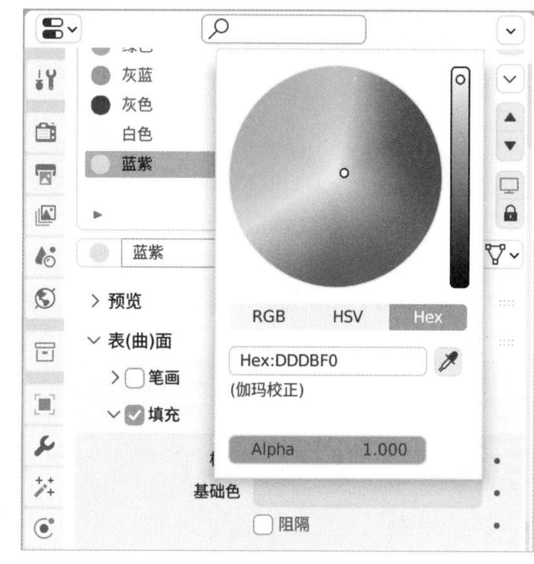

图 4-98

（11）切换活动图层为“草稿”，如图 4-99 所示。

（12）使用“黑色线条”的材质，如图 4-100 所示。

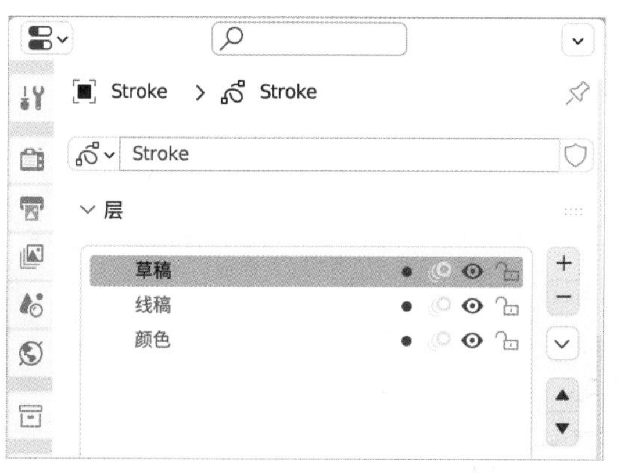

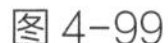
图 4-99

图 4-100

（13）现在可以开始绘制草稿，在绘制草稿时可以在 3D 视图顶部的工具设置栏中把“强度 / 力度”调整为“1”，这样绘制草稿时就不会出现透明的效果，你也可以根据自己的需要去调整笔画的强度 / 力度，如图 4-101 所示。

图 4-101

（14）在绘制草稿、线稿、颜色的过程中，如果需要撤销当前的笔画，可以按快捷键“Ctrl+Z”进行撤销。

（15）草稿绘制完成后，降低草稿图层的“不透明度”到“0.4”或者以下，这样会更方便你绘制线稿，如图 4-102 和图 4-103 所示。

图 4-102

图 4-103

（16）切换活动图层为“线稿”，如图 4-104 所示。

（17）使用“黑色线条”材质在“线稿”图层绘制线稿，如图 4-105 所示。

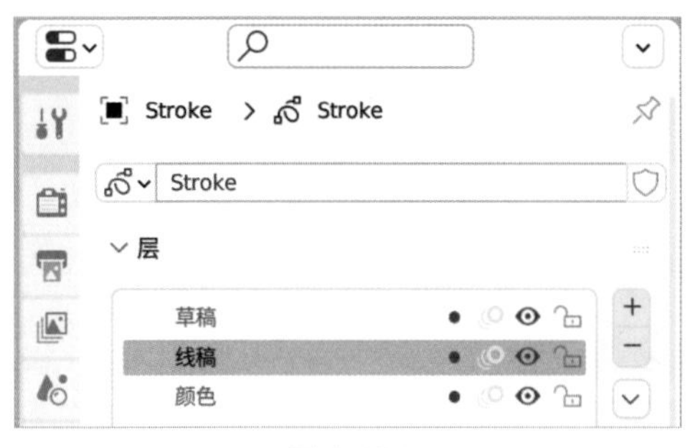

图 4-104

图 4-105

（18）在没有数位板的情况下使用鼠标绘制线稿会比较困难，使用线条工具来进行绘制会更加轻松，如图 4-106 所示。

（19）线稿绘制完成之后，隐藏“草稿”图层，可以避免“草稿”图层在视觉上的干扰，如图 4-107 所示。

图 4-106

图 4-107

（20）切换活动图层为“颜色”，如图 4-108 所示。

（21）在“颜色”图层中使用对应的颜色材质完成颜色的绘制，如图 4-109 所示。

图 4-108

图 4-109

4.6 在后侧绘制笔画

在后侧绘制笔画功能如图 4-110 所示。

开启在后侧绘制笔画功能后，新绘制的笔画的排列顺序会在当前图层的所有笔画之下，如图 4-111 所示。

图 4-110

关　开

图 4-111

在给小图形填充完底色后，再填充小图形外圈的图形，后面填充的颜色会盖住已经填充好的颜色，如图 4-112 和图 4-113 所示。

当使用在后侧绘制笔画功能时，可以让新颜色不覆盖住已经填好的颜色，如图 4-114 所示。

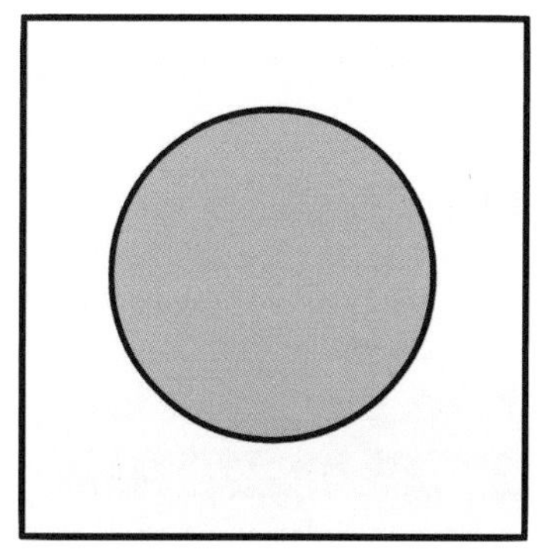
图 4-112

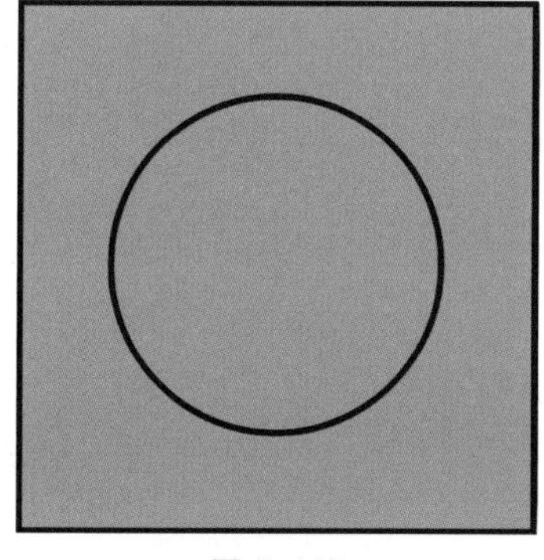
图 4-113

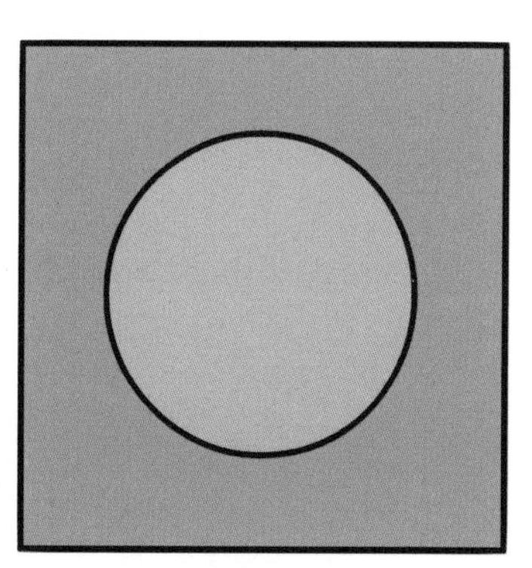
图 4-114

4.7 自动合并

自动合并功能如图 4-115 所示。

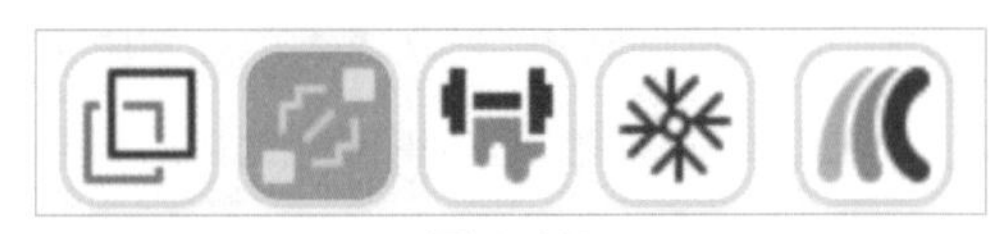

图 4-115

有些画师在绘制线稿时会出现每个线段断开的情况，如果并不是风格需求，大部分情况下会进行线条补缺来使填色工作量降低，而开启自动合并功能后，可以在绘制时将前后线条首尾点较为接近处进行自动连接，如图 4-116 和图 4-117 所示。

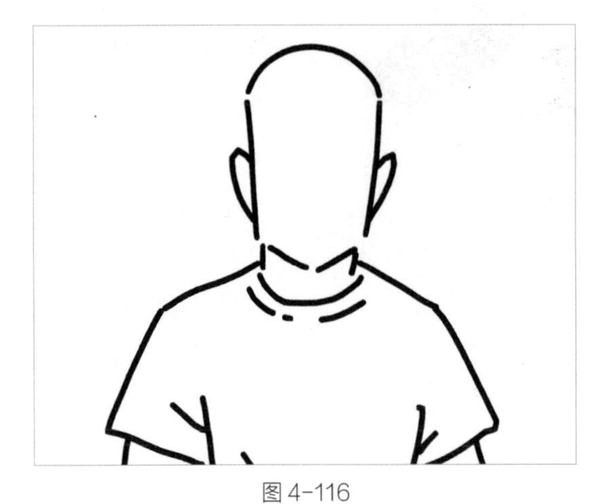

图 4-116

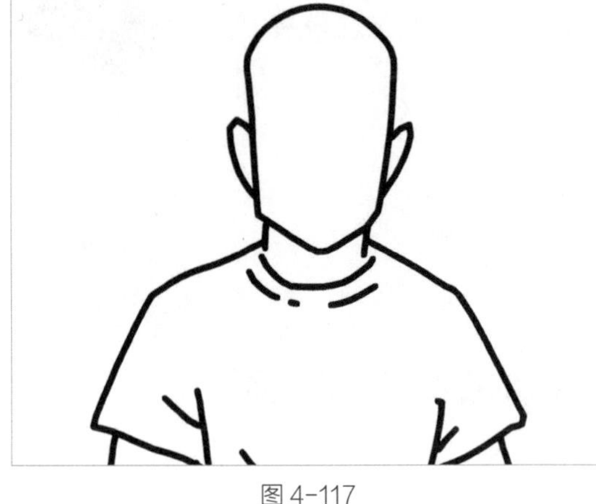

图 4-117

4.8 为笔画添加权重数据

为笔画添加权重数据功能如图 4-118 所示。

图 4-118

开启为笔画添加权重数据功能后，新绘制的笔画将会自动添加权重到选中的顶点组，使用此功能需要在属性面板选中“顶点组”，在“顶点组”下方选择需要的“权重”数值，如图 4-119 所示。

图 4-119

4.9 累加绘制

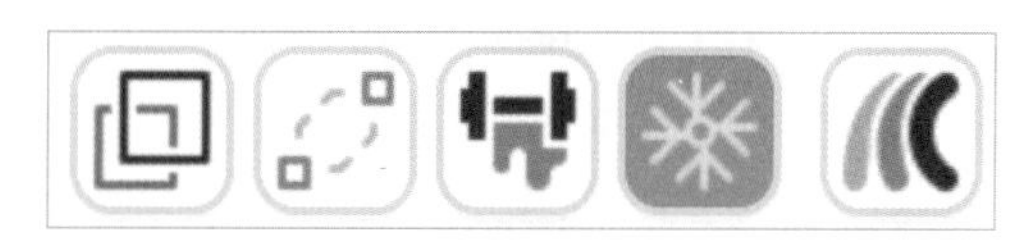

图 4-120

累加绘制功能如图 4-120 所示。

开启累加绘制功能后，把播放头移动到没有关键帧的位置进行笔画绘制，将会额外使用上一帧的内容生成到当前帧的时间位置。这个功能非常适合绘制上下 2 帧画面变化较小的情况，使用该功能可以减少手动复制关键帧的时间。

4.10 多重帧

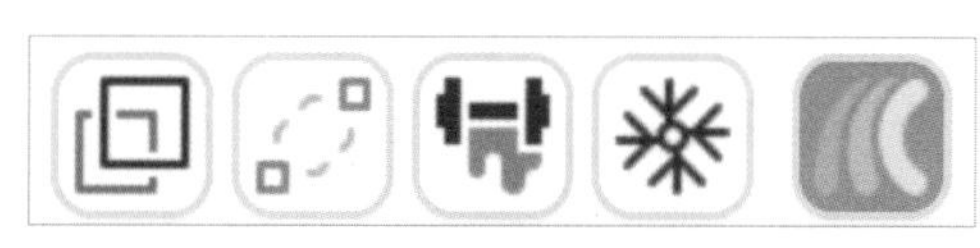

图 4-121

开启多重帧功能可以在多个帧上进行绘制、填色、变换、顶点权重更改、材质指定、笔画的图层变更、复制粘贴、顶点色绘制、雕刻等操作。多重帧功能如图 4-121 所示。

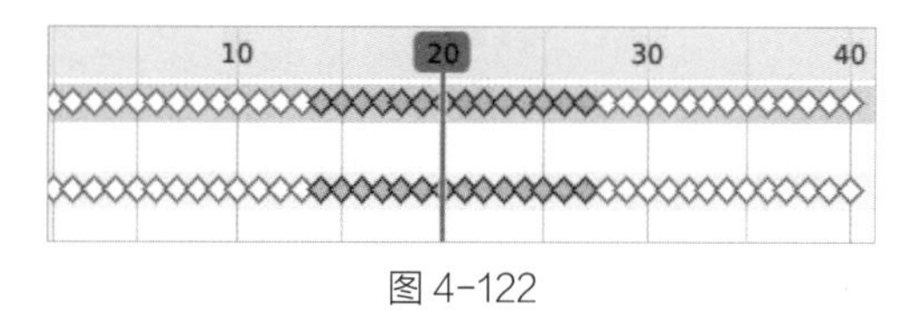

图 4-122

要使用多重帧功能首先需要激活 3D 视图左上角菜单的多重帧按钮。然后，在动画摄影表选中需要进行操作的多个关键帧后，就可以对不同的关键帧进行操作，如图 4-122 所示。

4.11 多重帧填色练习

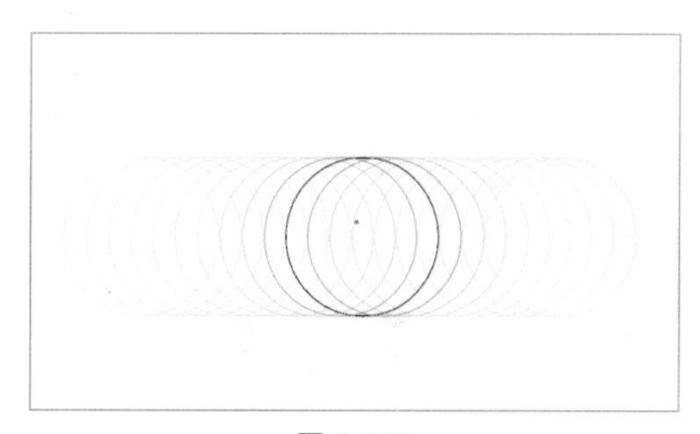

图 4-123

多重帧的概念，单看文字定义可能没办法很好地理解，所以需要实际使用一下来进行理解。下面通过使用多重帧功能，对图 4-123 所示的一个小球从左到右运动的动画进行填色。根据以下步骤来实现多重帧的填色功能。

（1）在动画摄影表区域选中需要填充的多个关键帧，如图 4-124 所示。

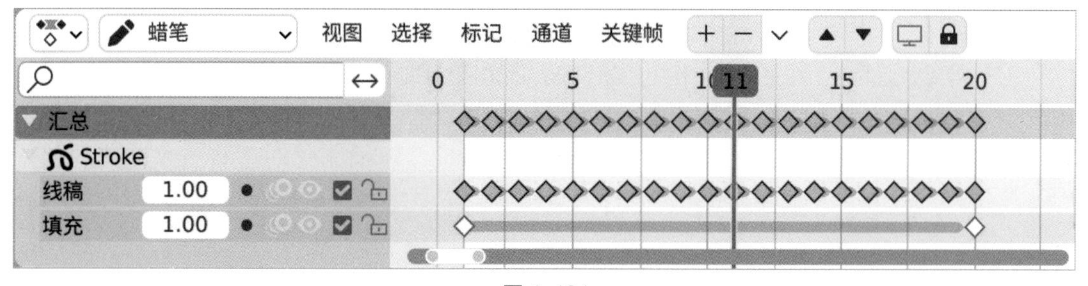

图 4-124

（2）开启 3D 视图左上角的多重帧功能，如图 4-125 所示。

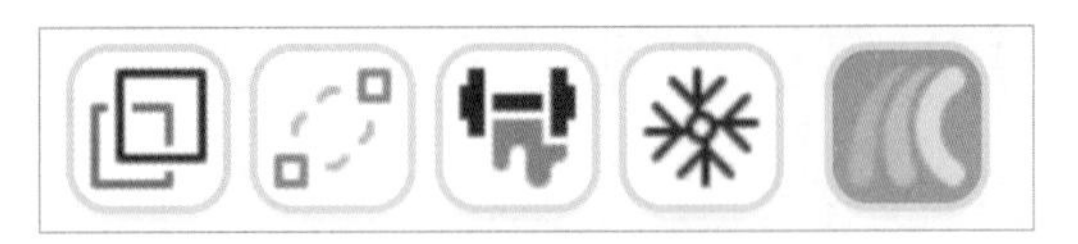

图 4-125

（3）使用具有填充的颜色材质，并使用填充工具填充颜色，如图 4-126 所示。

图 4-126

（4）在填充时，Blender 会自动识别填充处在不同时间帧下的封闭图形进行填充，如图 4-127 所示。在当前动画中，后面一段时间的图形已经不在当前填充区域，所以自然无法填充，你需要在后面合适的时间点进行第二次或者更多次的填充，如图 4-128 所示。

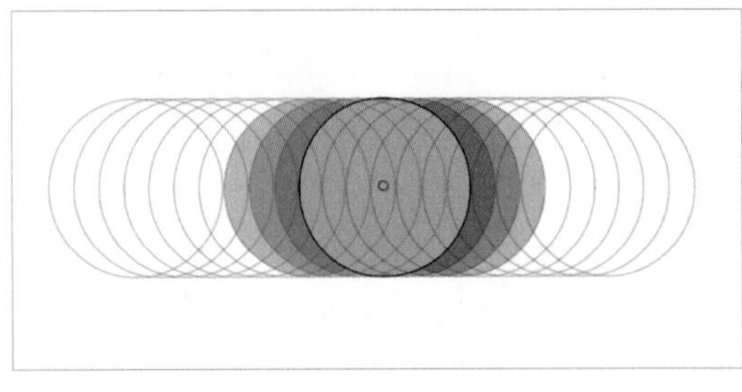

图 4-127

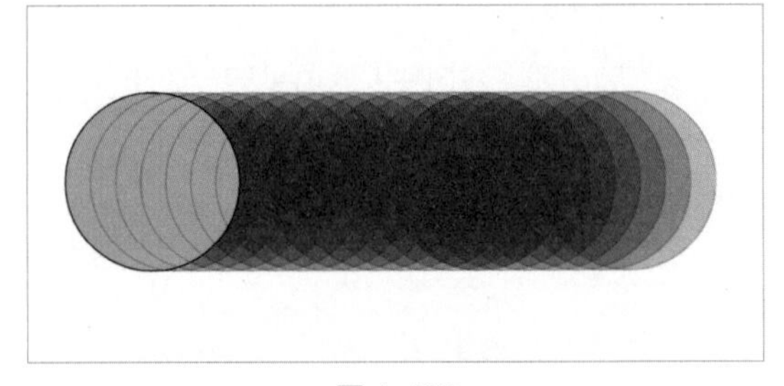

图 4-128

（5）需要注意的是，在实际的工作中，如果选择的范围过广，当前图形已经移动到另一个区域，新的图形移动到了当前区域，就会被填充颜色，所以你需要选择合理的时间范围进行填充，以避免意外填充。

4.12 自定义通道色彩

自定义通道色彩可以更改动画摄影表的图层颜色，你可以在属性面板里找到“显示”选项中的“自定义通道配色”进行颜色的更改，如图 4-129 所示。

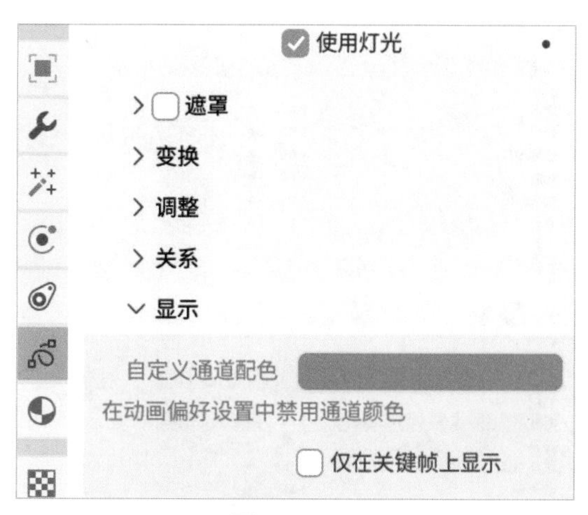

图 4-129

另外，你还需要打开偏好设置，执行“动画→函数曲线→通道组颜色”命令，如图 4-130 所示，才可以在动画摄影表显示通道组颜色，如图 4-131 和图 4-132 所示。

图 4-130

图 4-131

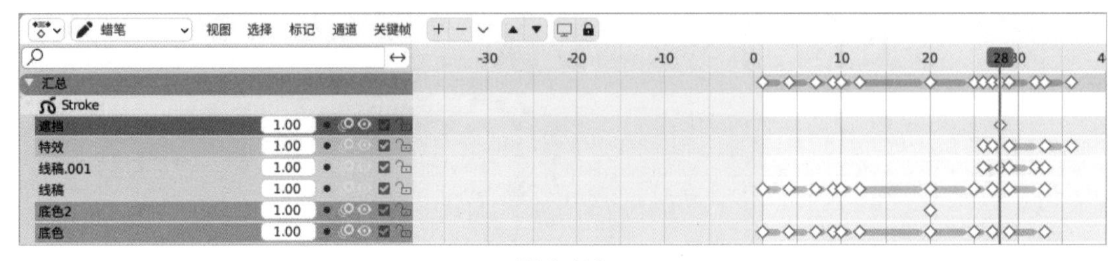

图 4-132

4.13 定义空间深度

更改属性面板中“笔画”里的“笔画深度排序”，可以使笔画从“2D 图层”顺序变成“3D 位置”；在大部分工作中笔者会倾向使用默认的 2D 图层，如图 4-133 和图 4-134 所示。

图 4-133

2D图层　3D位置

图 4-134

4.14 物体类型可见性

物体类型可见性功能用于在视图中隐藏某种类型，即为了更快速选择，你可以把不需要的物体进行隐藏或者禁止选择，如图 4-135 所示。

图 4-135

4.15 显示控件

展开显示控件的功能后，你可以显示或者隐藏控制组件，将不需要的控制组件隐藏可以使窗口更加简洁易用，如图 4-136 所示。

图 4-136

4.16 叠加层

叠加层是为了帮助你更好地创作，它的所有效果均不会显示在最后的渲染画面中。将叠加层展开后，可以选择需要的选项进行激活。叠加层在不同的物体以及不同模式下的选项会略有不同，如图 4-137 到图 4-139 所示。

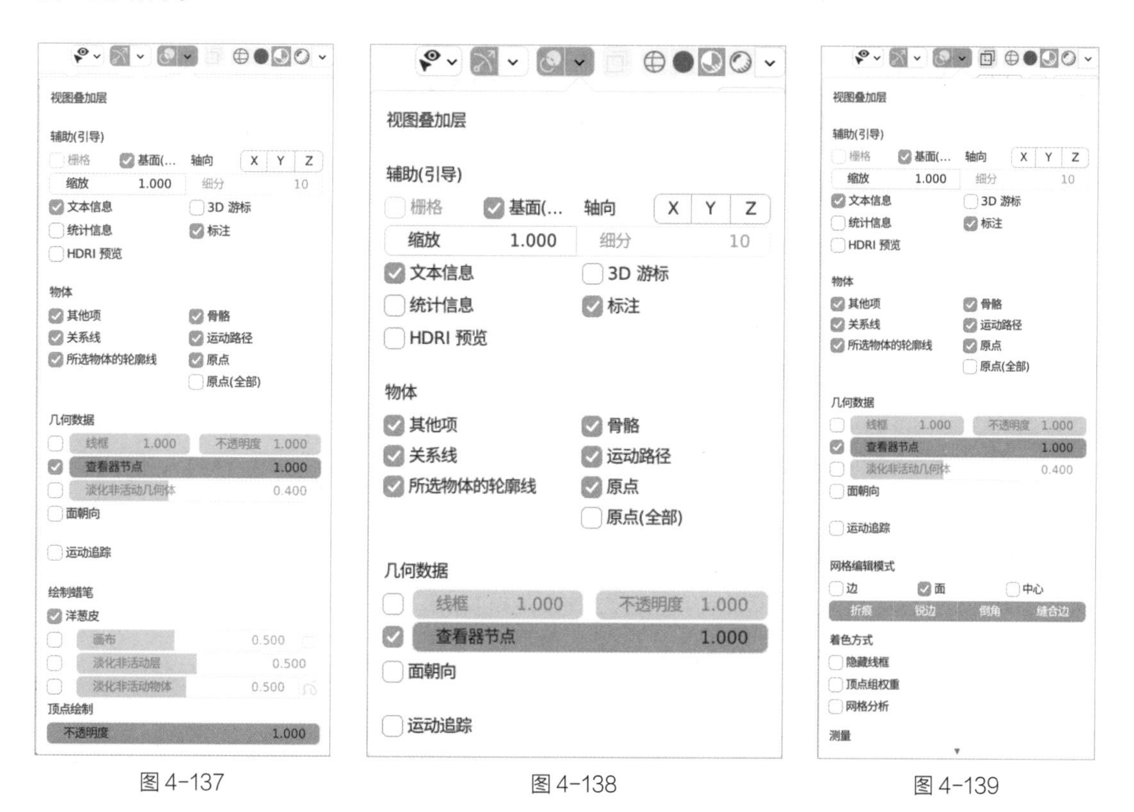

图 4-137　　图 4-138　　图 4-139

4.17 透视模式

透视模式如图 4-140 所示。

图 4-140

开启透视模式会使物体变为半透明状态，这样能更好地观察被覆盖的东西。当开启透视模式但是又无法看见半透明效果时，需要切换到其他视图着色模式，如图 4-141 和图 4-142 所示。

图 4-141

图 4-142

4.18 视图着色方式

视图着色方式如图 4-143 所示。

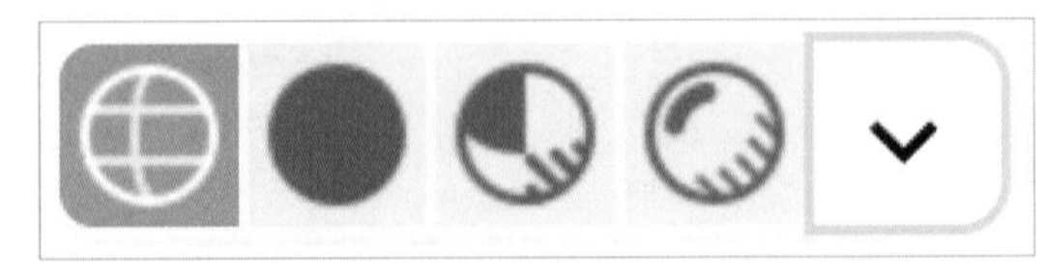

图 4-143

在 Blender 中，不同的视图着色方式会显示物体不同的视图效果，在 Eevee 和 Cycles 渲染引擎下有线框模式、实体模式、材质预览模式、渲染预览模式，虽然每种视图着色方式显示的效果都有所不同，但是最终的渲染效果以渲染预览模式为准，另外还需要注意以下 4 点。

1. 线框模式只显示线条本身不显示任何材质，如图 4-144 所示。

2. 顶点色只在材质预览和渲染预览模式下可见，如图 4-145 所示。

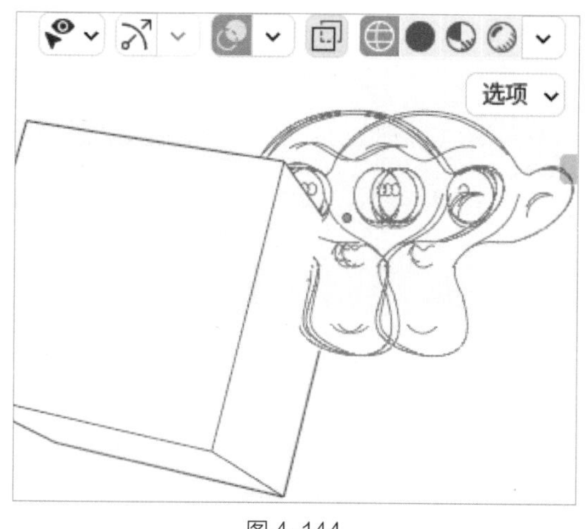

图 4-144

图 4-145

3. 效果器的效果只在渲染预览模式下可见，如图 4-146 所示。

图 4-146

4. 洋葱皮效果在渲染预览模式下默认不可见，但是可在当前蜡笔执行“物体数据属性→洋葱皮→显示→在渲染中查看”命令，如图 4-147 所示，之后在渲染预览模式中可见洋葱皮效果，如图 4-148 所示。

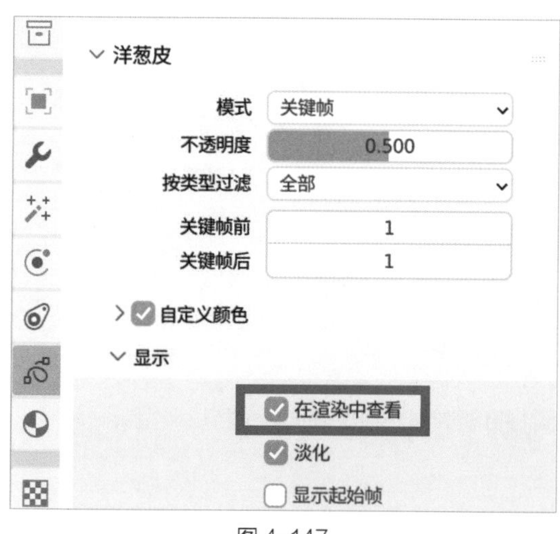

图 4-147

图 4-148

4.19 笔画放置位置

在 2D 绘制中，你不需要设置笔画的放置位置。而在使用 3D 模型的工作流程中，笔画放置的选项会决定绘制时笔画放置的具体空间位置。

“原点”选项如图 4-149 所示。

图 4-149

原点：绘制的笔画会放置在当前物体的原点（橘黄色小点）所在的空间位置，如图 4-150 和图 4-151 所示。

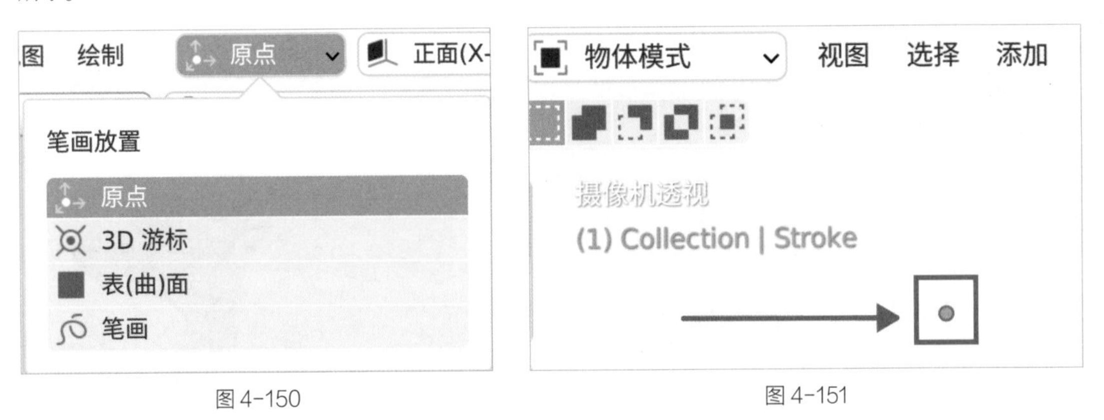

图 4-150　　图 4-151

3D 游标：需要在叠加层打开“3D 游标”显示，红色圆圈加十字架构成的一个像瞄准准星的图形就是 3D 游标，3D 游标的空间位置决定新绘制的笔画放置的空间位置，如图 4-152 和图 4-153 所示。

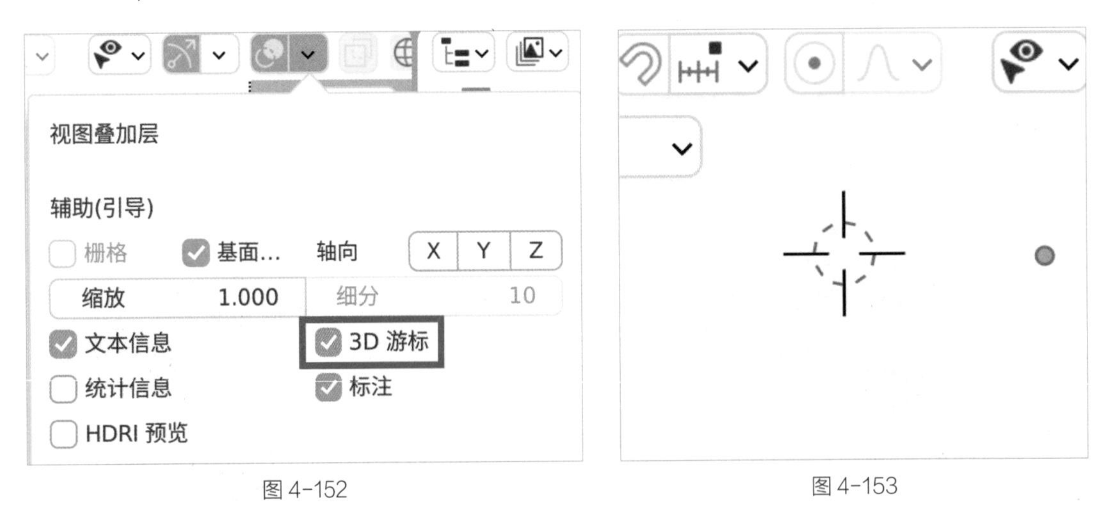

图 4-152　　图 4-153

表（曲）面：当场景中有 3D 模型时，绘制的新笔画将自动吸附到模型表面，并可以调整吸附距离，如图 4-154 到图 4-156 所示。

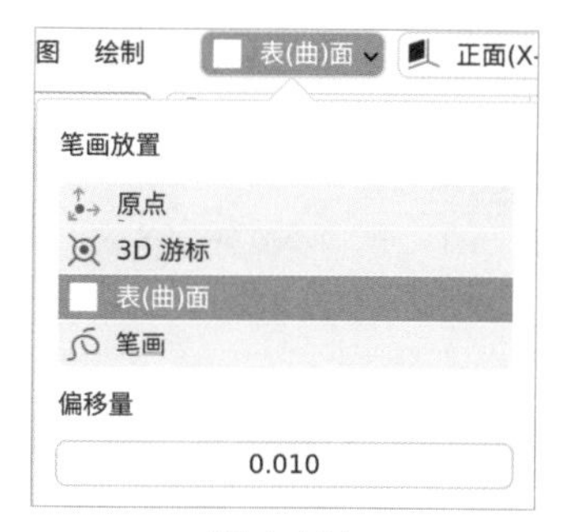

图 4-154

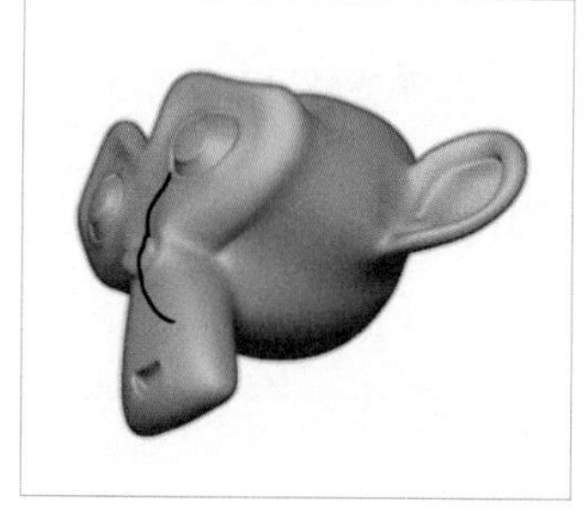

图 4-155

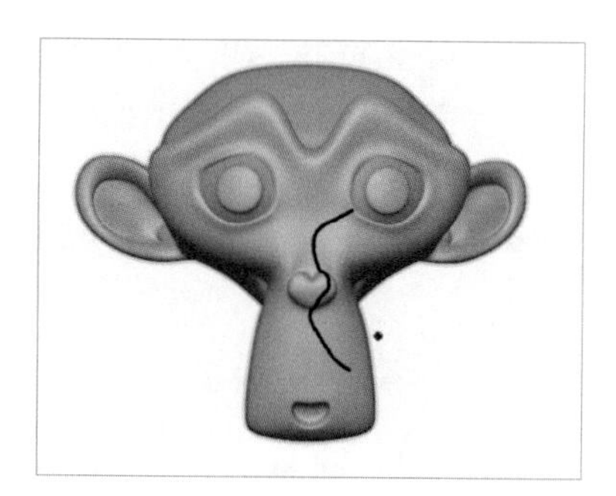

图 4-156

笔画：新绘制的笔画会吸附在其他笔画上，如图 4-157 和图 4-158 所示。

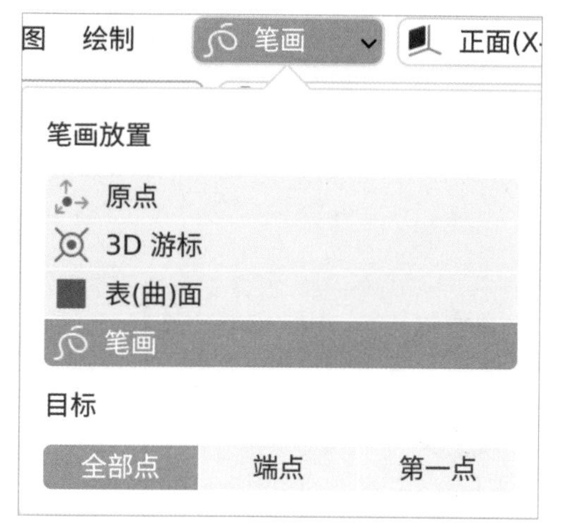

图 4-157

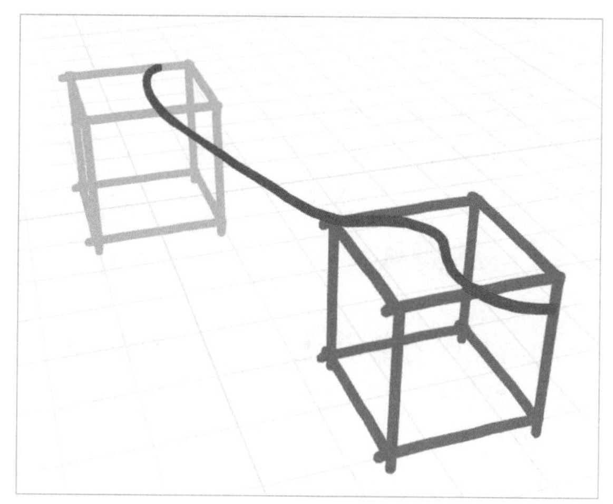

图 4-158

4.20 绘制平面

笔画放置决定了放置的空间位置，而绘制平面决定了画布的朝向。当绘制平面为正面 (X-Z) 时，就会将绘制的笔画绘制在正面 (X-Z) 的方向，如图 4-159 所示。

为了更好的理解绘制平面的朝向，可以在叠加层内开启“画布”显示，如图 4-160 所示。画布开启之后将会显示栅格图案在对应的绘制平面，如图 4-161 所示。

图 4-159

图 4-160

在一个 2D 的屏幕里，却需要在 3D 空间里绘制笔画，为了让 Blender 知道你想画在哪，就需要通过更改绘制平面的朝向，使其保持一个正确的绘制屏幕朝向，如图 4-161 和图 4-162 所示。

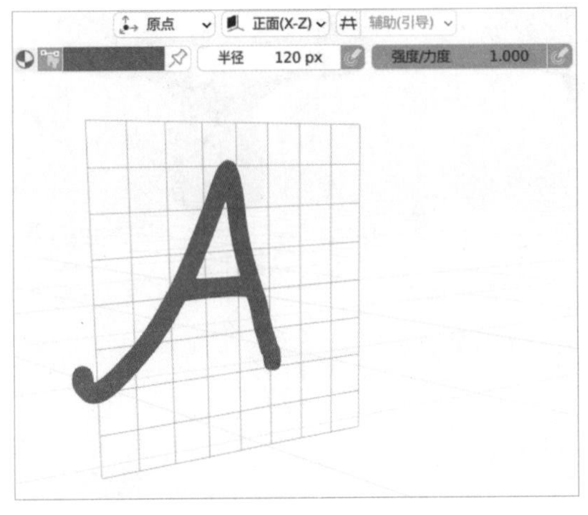

图 4-161

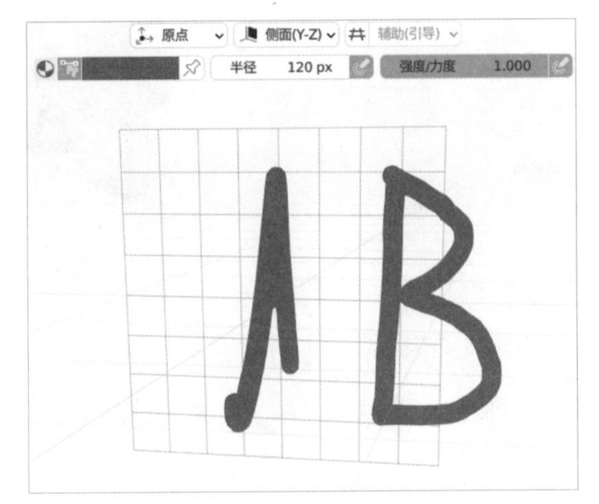

图 4-162

4.21 3D 游标

3D 游标是一个辅助工具，所以需要在叠加层打开 3D 游标显示，红色圆圈加十字架的瞄准图形就是 3D 游标，如图 4-163 和图 4-164 所示。3D 游标可以用来定位笔画放置的位置，或者在编辑模式下精确地移动物体。

图 4-163

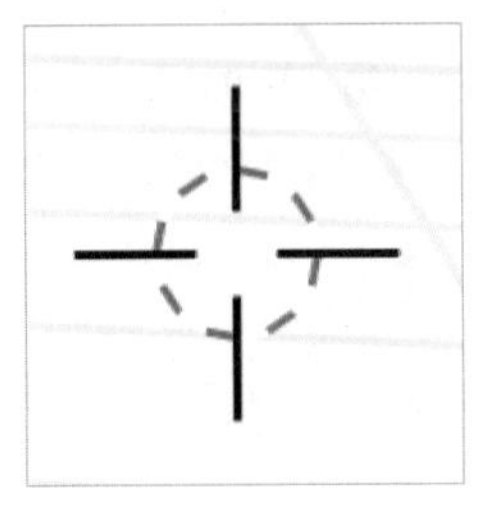

图 4-164

4.22 辅助

在“辅助（引导）”选项开启之后，在绘制笔画时，可以根据设置的辅助类型进行辅助，如图 4-165 和图 4-166 所示。

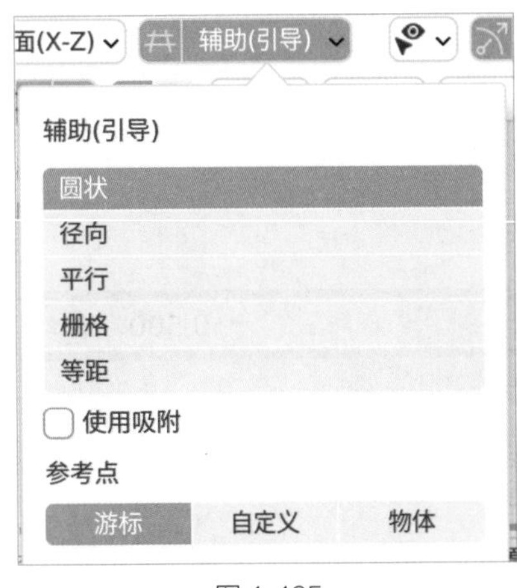

图 4-165

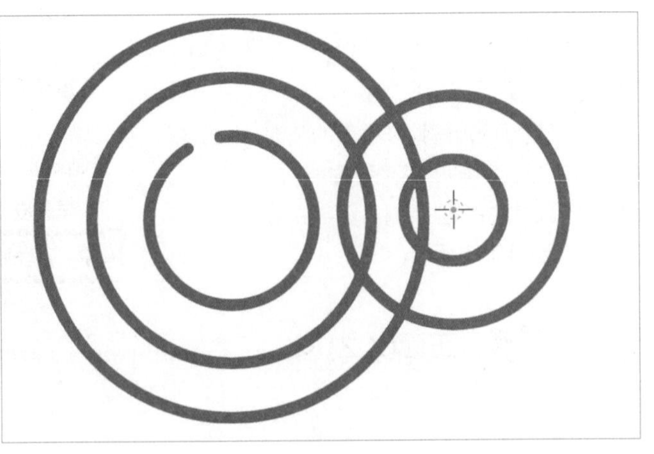

图 4-166

第 5 章 蜡笔其他模式详解

本书的第 5 章将学习 Blender 的编辑模式、雕刻模式、顶点绘制模式、权重绘制模式等功能。

5.1 编辑模式

在 Blender 蜡笔的编辑模式中，可以进行以下操作。

1. 对顶点和笔画进行移动、缩放、旋转。

2. 使用曲线编辑功能编辑线条。

3. 对顶点和笔画进行复制、删除、拆分、挤出、连接、变形。

4. 移动某个笔画到另一个图层，更换某个笔画的材质。

5. 将顶点指定到顶点组以便修改器进行控制。

6. 更改笔画的粗细、规格和透明度。

5.1.1 选择方式

当 3D 视图处于编辑模式时，在模式切换选项的右边有 3 个笔画选择方式的切换选项，你可以使用笔画选择方式切换选项来进行切换：选择笔画点 / 选择全部笔画点 / 选择其他笔画之间的笔画点，如图 5-1 和图 5-2 所示。

图 5-1

图 5-2

在左侧工具栏中，你可以根据当前情况选择合适的工具，如图 5-3 所示。

在使用选择工具时，你可以在顶部的工具设置栏中，选一种选择方式进行扩展，或者进行减除、反转、相交。除此之外，你可以按住“Shift”键进行扩展，或按住“Ctrl”键进行减除，如图 5-4 所示。

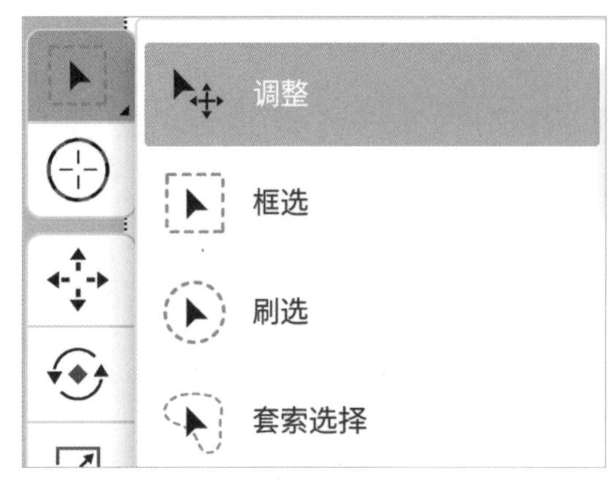

图 5-3

图 5-4

5.1.2 变换顶点和笔画

在 Blender 编辑模式中，左侧的工具栏提供了常规的“移动”“旋转”“缩放”“变换”选项，如图 5-5 所示，你可以对单个顶点、单个笔画，或者多个顶点、多个笔画进行变换。

左侧的工具栏中还有 3 个用于变形的工具，如图 5-6 所示。

图 5-5

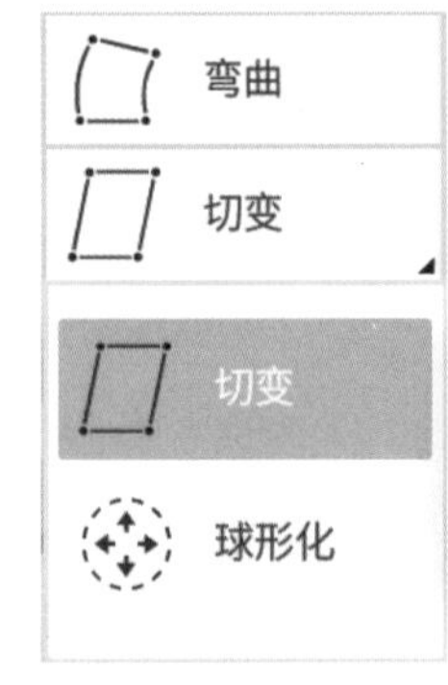

图 5-6

弯曲：对选中的笔画基于 3D 的位置进行弯曲变形。

切变：对选中的笔画在上下两端向不同的方向进行变形。

球形化：对选中的笔画进行球形化变形。

使用弯曲、切变、球形化效果的展示图如图 5-7 所示。

图 5-7

5.1.3 吸附和衰减

在编辑模式对笔画做出变换时，开启吸附工具，以此精确地移动顶点或者笔画。调整吸附工具中的不同设置来改变吸附的方式，如图 5-8 所示。

在衰减工具开启后，可以选择一种衰减方式。当你对顶点或者笔画做出变换操作时，可以通过调整鼠标滚轮改变衰减范围，从而影响旁边未被选中的顶点来进行衰减变化，如图 5-9 和图 5-10 所示。

图 5-8

图 5-9

图 5-10

5.1.4 挤出、拆分、删除、复制笔画

在编辑模式中，你可以按住快捷键“E”进行挤出，如图 5-11 所示；你可以按住快捷键“V”进行拆分，断开选中的笔画，如图 5-12 所示。

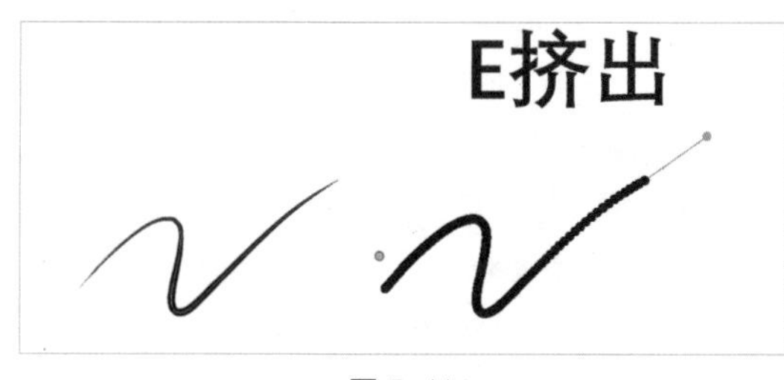

图 5-11

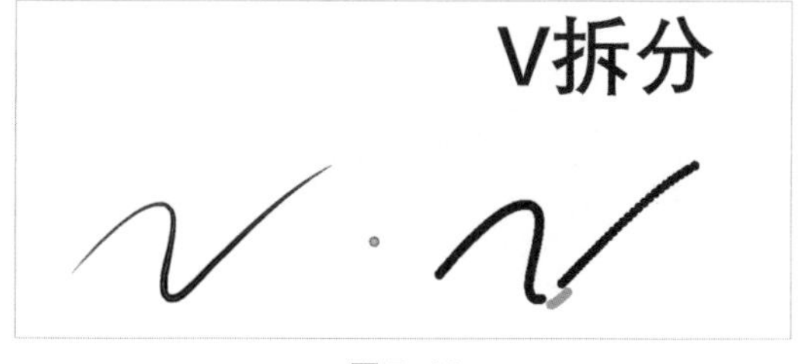

图 5-12

在编辑模式中，你可以按住快捷键“X”删除选中的笔画；你可以按住快捷键“Shift + D”复制选中的笔画。

5.1.5 修改笔画粗细

在 Blender 中，修改笔画粗细的方法是多样化的，如图 5-13 所示。下面将介绍 4 种不同的修改笔画粗细的方法。

图 5-13

1. 在编辑模式中修改笔画粗细

在编辑模式中，选中“笔画”后，可以使用“半径”工具对笔画进行笔画半径的调整，也可以按住快捷键“Alt + S”缩放所选笔画的半径，如图 5-14 所示。

需要注意的是，通常使用缩放工具对笔画进行缩放时，会更改笔画的半径粗细。在 3D 视图的顶部“笔画”选项中，取消勾选“缩放厚度”选项，就可以在缩放笔画时，让笔画的半径粗细保持不变，如图 5-15 所示。

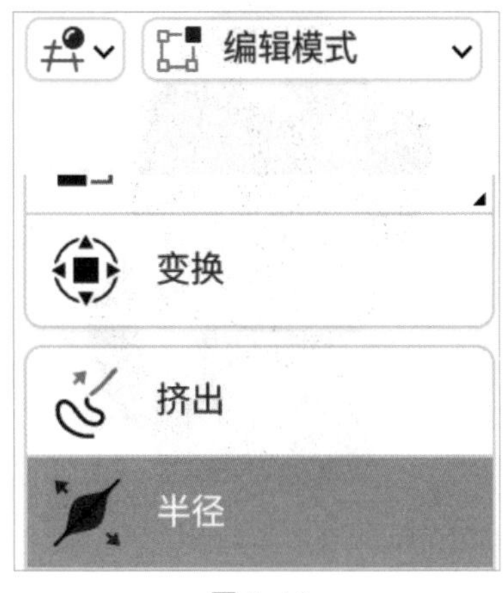

图 5-14

图 5-15

2. 在修改器中修改笔画粗细

添加一个“厚（宽）度”修改器更改笔画粗细，如图 5-16 所示，详见本书第 8 章。

图 5-16

3. 在图层设置中修改笔画粗细

在属性面板中执行“物体数据属性→层→调整”命令，调整“笔画宽度”，如图 5-17 所示。“笔画宽度”选项可以统一调整当前图层的所有笔画粗细，缺点是没办法针对性调整同一个图层内的不同笔画。

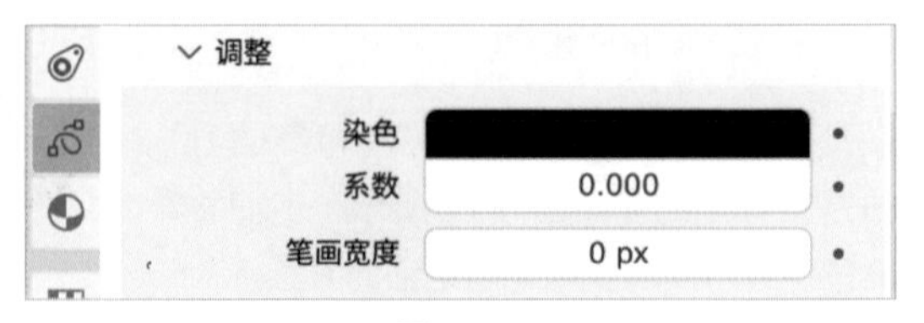

图 5-17

4. 在雕刻模式中修改笔画粗细

使用雕刻模式中的“厚度”笔刷，可以修改笔画粗细，如图 5-18 所示。

图 5-18

5.1.6 曲线编辑

在编辑模式中，你可以通过 3D 视图左上方的“曲线编辑”选项，使得在编辑线条时出现控制柄组件。你还可以通过“细分”选项来增加控制柄的数量，如图 5-19 和图 5-20 所示。

图 5-19

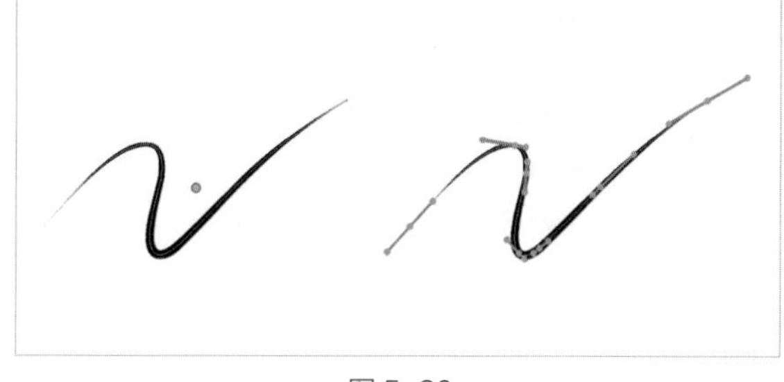

图 5-20

5.1.7 变换填充

在编辑模式中，你可以使用“变换填充”功能对填充材质的图案纹理进行位置调整、旋转、缩放，如图 5-21 到图 5-23 所示。

图 5-21

图 5-22

图 5-23

当使用“变换填充”工具时，你可以在 3D 视图顶部的工具设置栏中选择需要改变的是“移动”，还是“旋转”或者“缩放”，如图 5-24 所示。

图 5-24

5.1.8 细分和简化

在编辑模式中，你可以对笔画的顶点进行细分或者简化。当你选择一个笔画时，单击鼠标右键打开“点上下文菜单”选择“细分”选项，可以增加该笔画的顶点，如图 5-25 所示。

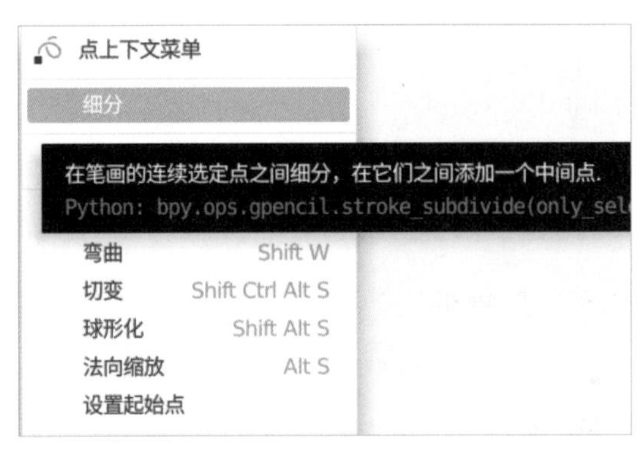

图 5-25

当你使用顶点选择的方式选择一部分顶点时，在其上单击鼠标右键，在“点上下文菜单”中选择“细分”，会使这些顶点之间新增顶点，如图 5-26 和图 5-27 所示。

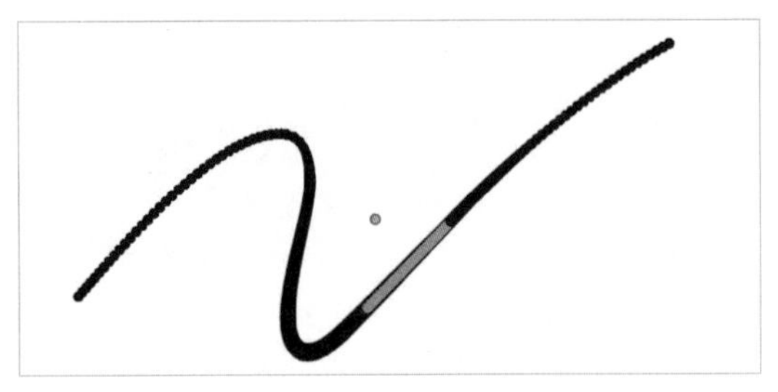

图 5-26

图 5-27

当你使用顶点选择的方式选择一部分顶点或者笔画时，在其上单击鼠标右键，在“点上下文菜单”中选择“按间距合并”选项，如图 5-28 所示。

在 3D 视图的左下角弹出的折叠选项卡中选择一个合适的数值来减少顶点的数量，过多的顶点数量会影响笔画的外观形状，如图 5-29 所示。

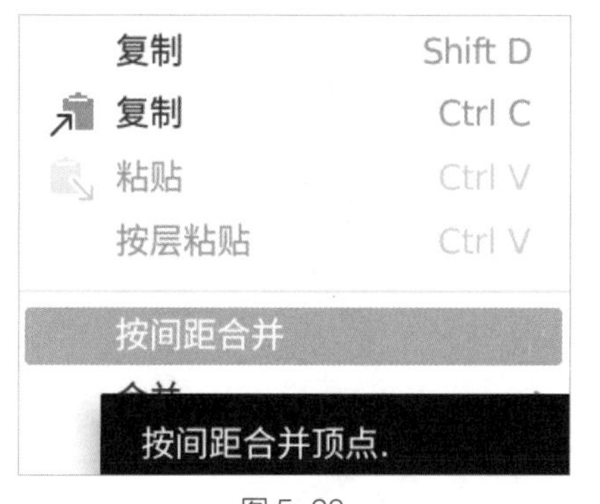

图 5-28

图 5-29

5.1.9 使顶点均匀

使用数位笔绘制的线条顶点分布是不均匀的，如图 5-30 所示。

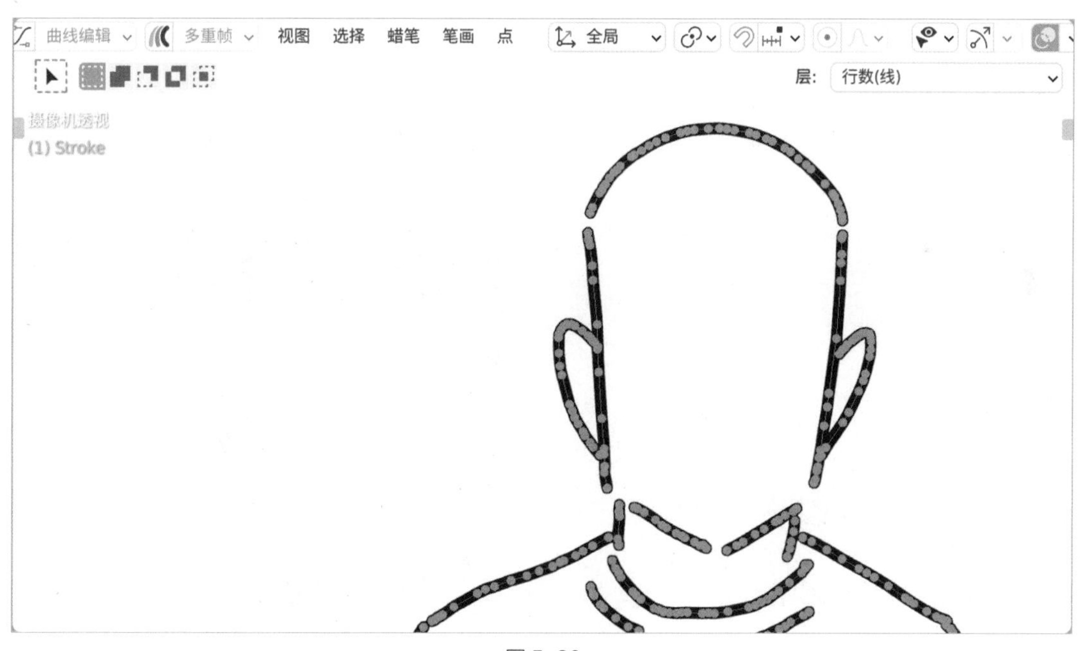

图 5-30

在线条顶点分布不均匀的时候通过“按间距合并”选项对手绘的线条进行简化时，简化出来的顶点是不均匀的，如图 5-31 所示。

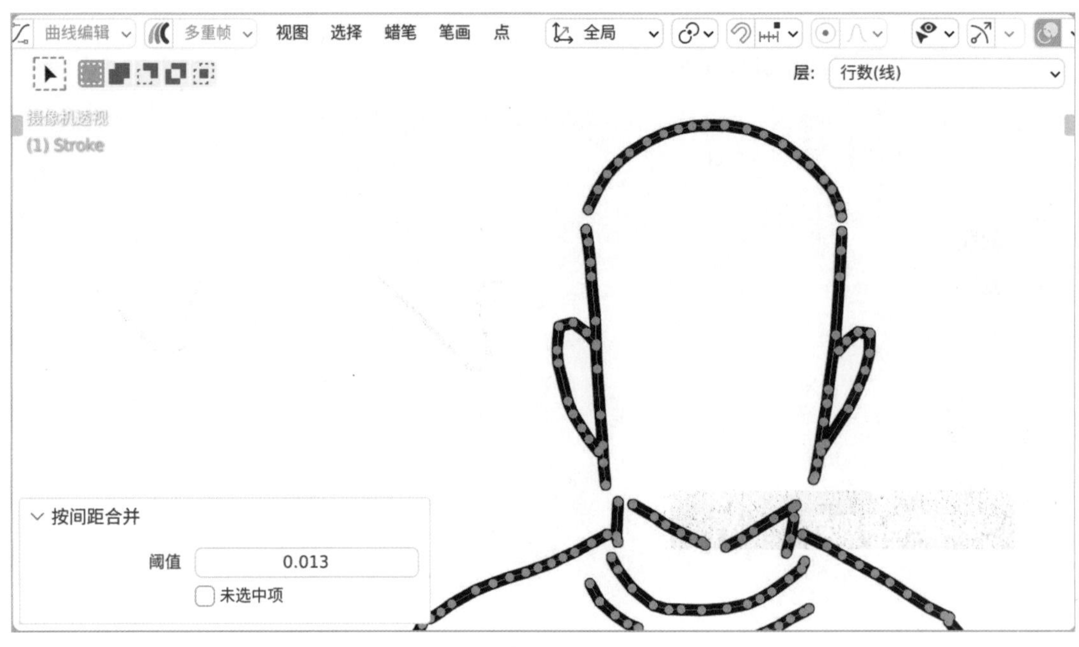

图 5-31

如果想得到更均匀的顶点分布，你可以先执行多次“细分笔画”，再使用“按间距合并”工具，如图 5-32 和图 5-33 所示。

图 5-32

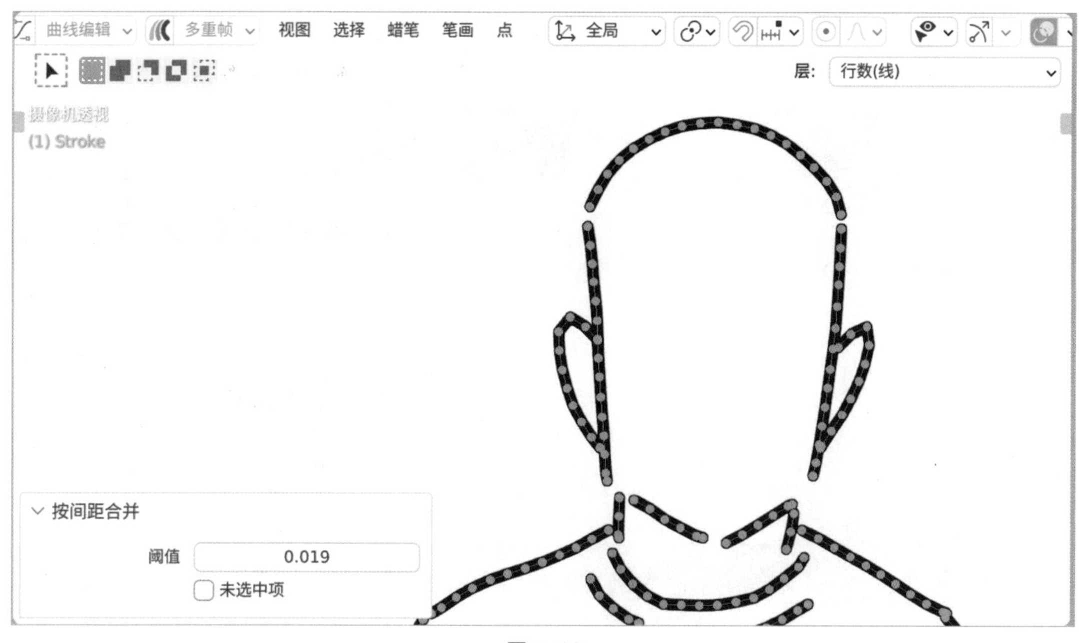

图 5-33

5.1.10 更换笔画材质

在编辑模式中，选中需要更换材质的笔画后，单击属性面板中材质选项中的“指定”选项，可以将选中的内容替换为当前选中的材质，如图 5-34 和图 5-35 所示。

图 5-34

图 5-35

5.1.11 更改笔画的前后顺序

在绘制图画时，笔画的覆盖顺序是由绘制顺序决定的，但在编辑模式中，你可以通过 3D 视图顶部的“笔画→排列”中的选项更改笔画前后显示的顺序，如图 5-36 和图 5-37 所示。

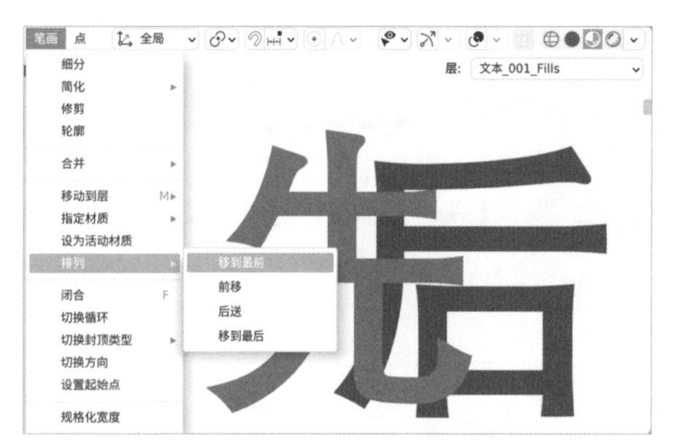

图 5-36

图 5-37

5.1.12 移动笔画到任意图层

在编辑模式中，使用快捷键“M”或者单击 3D 视图顶部的“笔画”选项中的“移动到层”操作，可以将选中的内容移动到其他图层中去，如图 5-38 所示。

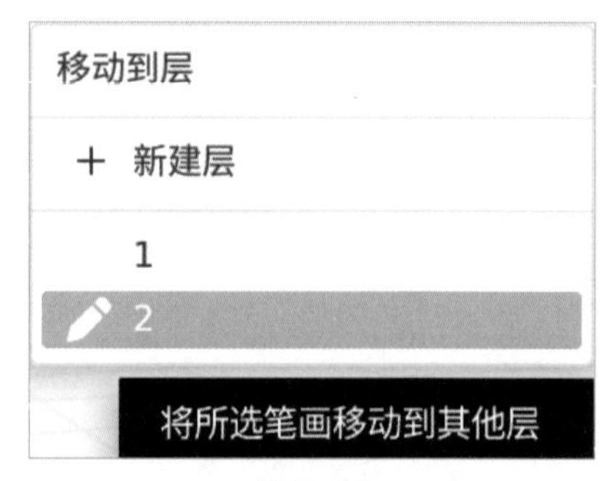

图 5-38

5.2 雕刻模式

在雕刻模式的操作过程中，用户能够灵活运用多样化的笔刷工具，对笔画进行精细化的形状调整。

5.2.1 雕刻模式遮罩

在雕刻模式中，顶部有 3 种遮罩选择方式，如图 5-39 所示。

通过“选中项遮罩”选项使用遮罩，你需要先在编辑模式下选择线条，然后在雕刻模式中开启需要的遮罩选择方式，并在开启遮罩的情况下进行雕刻。此外，还可以选择在雕刻模式下，3D 视图顶部中间的位置找到“自动遮罩”选项来选择一种数据来源作为遮罩，如图 5-40 所示。

图 5-39

图 5-40

5.2.2 雕刻模式笔刷

雕刻模式的左侧的各种工具笔刷可以让你对笔画进行雕刻，更改对应的参数或者形状。

1. 光滑

“光滑”笔刷可以使笔画平滑。在使用其他几个类型的笔刷时，按住“Shift”键可以临时使用该笔刷，如图 5-41 所示。

图 5-41

2. 厚度

“厚度”笔刷用于增加或者减少厚度。按住“Ctrl”键可切换为两种相反的效果，如图 5-42 所示。

图 5-42

3. 强度 / 力度

“强度 / 力度”笔刷用于更改笔画的不透明度。按住“Ctrl”键可临时切换为相反效果，如图 5-43 所示。

图 5-43

4. 随机

“随机”笔刷可以随机调整笔画的位置、强度、厚度、UV。在 3D 视图顶部的工具设置栏中，可以设置需要的选项，如图 5-44 所示。

图 5-44

5. 抓起

“抓起”笔刷可以根据鼠标的移动方向使笔画产生变形的效果，如图 5-45 所示。

图 5-45

6. 推

“推”笔刷的效果和“抓起”笔刷的效果是差不多的，也是使笔画产生变形，如图 5-46 所示。

图 5-46

7. 扭曲

当“扭曲”笔刷在一个区域来回移动时，会不断扭曲旋转这个区域。按住“Ctrl”键就会向反方向扭曲旋转，如图 5-47 所示。

图 5-47

8. 夹捏

当“夹捏”笔刷在一个区域来回移动时，会使这个区域不断向内收缩。按住“Ctrl”键就会使这个区域不断扩张，如图 5-48 所示。

图 5-48

9. 克隆

“克隆”笔刷，需要先在编辑模式中，选中目标笔画后按快捷键“Ctrl + C”复制；再回到雕刻模式下，使用该笔刷时就会在笔刷单击的地方生成复制的笔画，如图 5-49 所示。

图 5-49

5.3 顶点绘制模式

在顶点绘制模式中，可以使用自由线工具对笔画添加顶点色改变材质本身原有的颜色，如图 5-50 所示。

图 5-50

图 5-52 展示使用顶点色方式绘制的 Michael Ball/Alfie Boe 同人图，在使用顶点色绘制颜色时，在实体模式下顶点色是不可见的，如图 5-51 所示。只有将视图显示切换到材质预览模式和渲染预览模式才可以看见颜色，如图 5-52 所示。

图 5-51

图 5-52

顶点绘制模式中的“自由线”工具是用于给笔画上色的，如图5-53所示。

图5-53

“模糊”“平均”“涂抹”都类似于将颜色混合的工具，如图5-54所示。

图5-54

“替换”工具用于改变已经添加顶点色的笔画颜色，如图5-55所示。

图5-55

在顶点绘制模式的顶部菜单中拥有和雕刻模式以及权重绘制模式相同的“选中项遮罩”选项。通过“选中项遮罩”选项可以更好地对选中的线条进行染色，如图5-56所示。

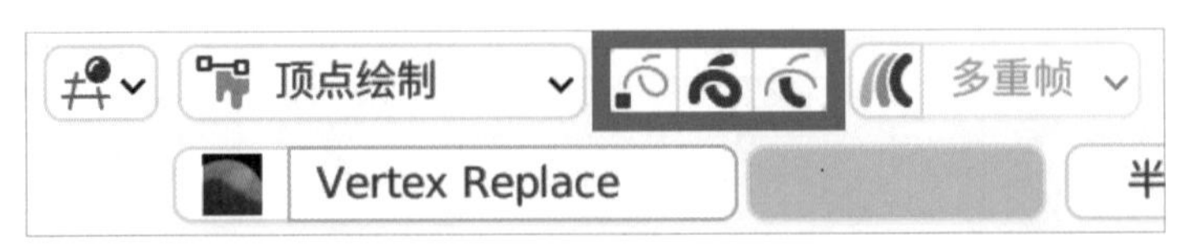

图5-56

在给线条染色后，如果需要清除染色，可以在顶点绘制模式的顶部菜单的“图像绘制”选项中，找到“重置顶点色”选项，你也可以使用“图像绘制”中的其他功能选项对顶点色进行颜色的统一调整。如图 5-57 所示。

图 5-57

5.4 权重绘制模式

在权重绘制模式下，你可以选择一个“顶点组”来绘制权重。还可以使用颜色来表示不同的权重值。关于顶点组的作用，可以在第 8 章中找到详细说明，如图 5-58 和图 5-59 所示。

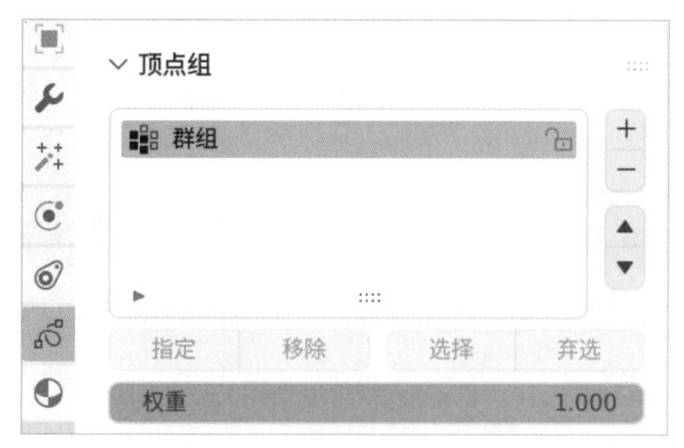

图 5-58

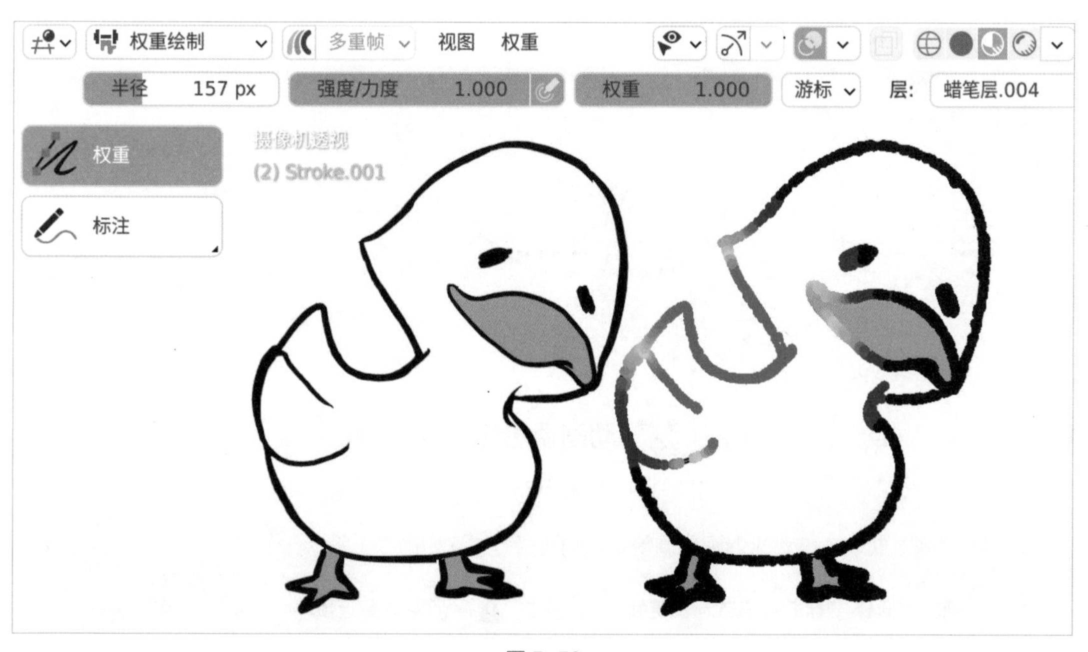

图 5-59

资源下载码：224021

动画制作上手实战

本书的第 6 章将介绍 Blender 的动画摄影表的使用方法，并使用插值功能制作一个简单的动画。

6.1 动画摄影表

Blender 的动画摄影表和时间线是 2 个不同的面板，但是笔者推荐将它们看作同一个面板即可，它们的很多功能是相同的。通常，我们主要使用动画摄影表进行创作，但是也不能缺少时间线的部分。在大部分情况下，将时间线面板的大小范围进行调整至最小，只使用时间线面板上面的控件区域即可，如图 6-1 和图 6-2 所示。

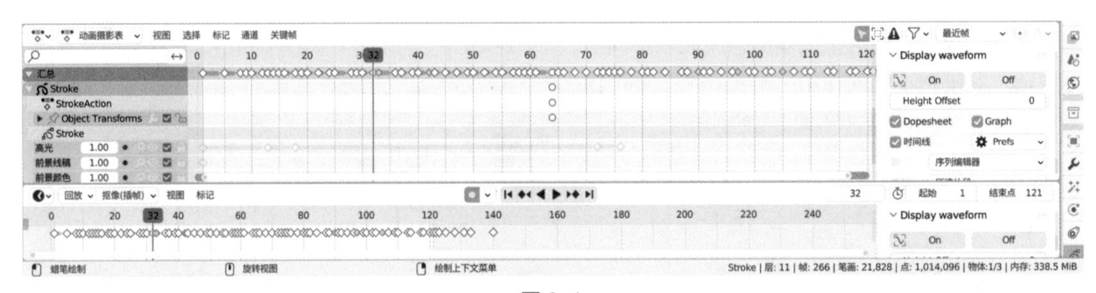

图 6-1

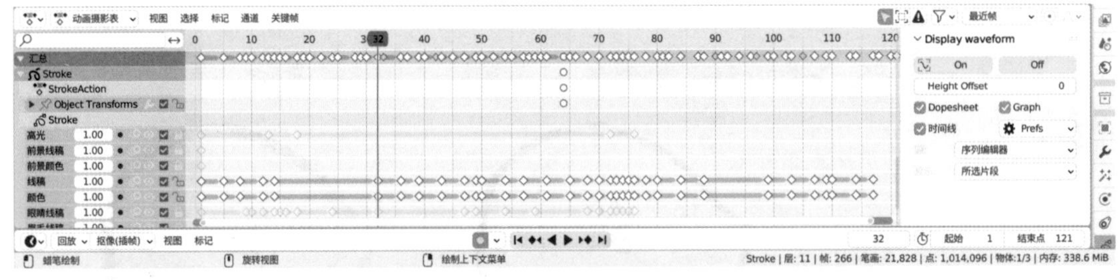

图 6-2

1. 动画摄影表如图 6-3 所示。

图 6-3

2. 菜单选项：提供一些常见的视图调整和各种选择方式，如图 6-4 所示。

图 6-4

3. 左侧面板：展示所有的通道，可以控制和编辑每个通道的关键帧，如图 6-5 所示。

4. 关键帧显示区域：用于展示所有的关键帧，如图 6-6 所示。

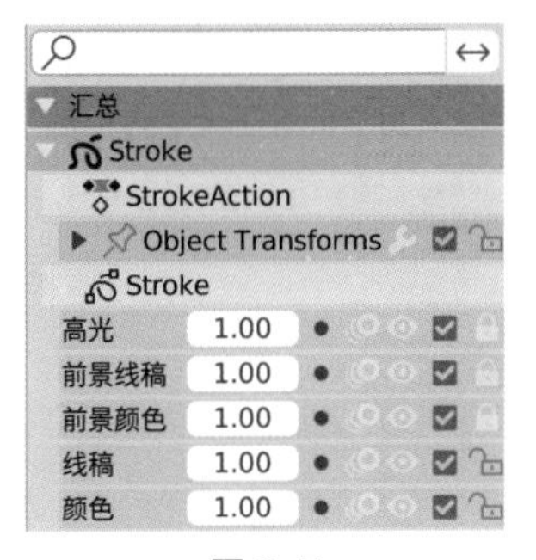

图 6-5

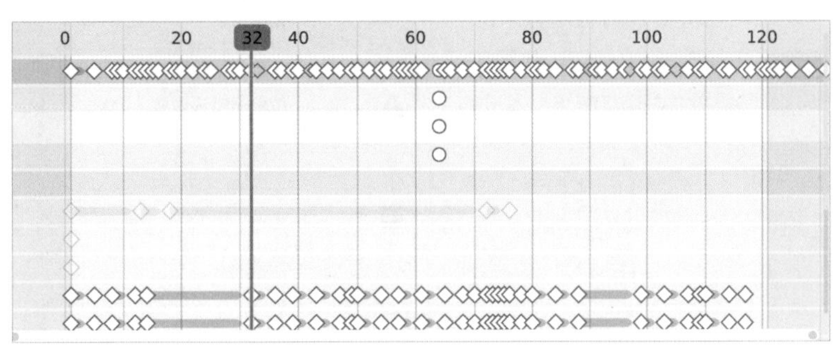

图 6-6

5. 播放头：用于显示当前播放到第几帧的位置，如图 6-7 所示。

6. 右侧面板：通道的参数，以及一些动画插件会放置在这里。这里的“Display waveform”是一个用于在时间轴上显示音频的插件，如果没有安装这个插件这里是没有这个选项的，如图 6-8 所示。

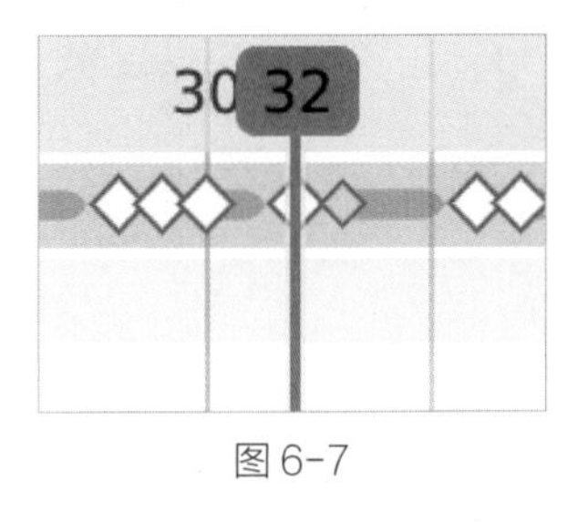

图 6-7

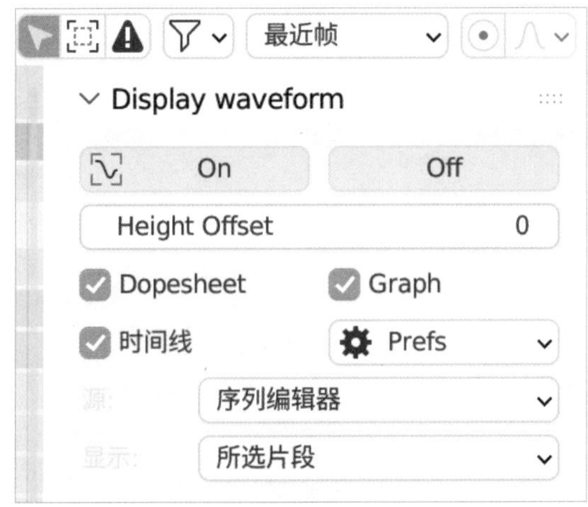

图 6-8

在动画摄影表中，可以通过切换模式来选择查看对应的关键帧类型。

6.2 时间线播放控件

时间线播放控件提供了一些常见的播放控制按钮。如图 6-9 所示，从左到右每个按钮依次表示时间线的开始、跳转到上一个关键帧、倒放、正放、跳转到下一个关键帧的位置和到时间线结束的位置。

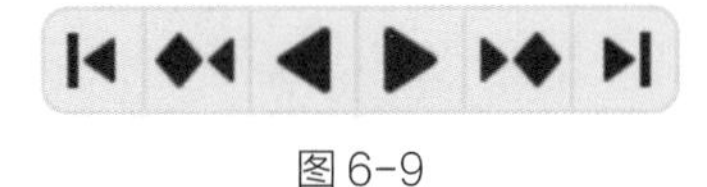

图 6-9

6.3 筛选关键帧

在动画摄影表的右侧有一些选项用来筛选关键帧，以便更好地找到需要的关键帧信息，如图 6-10 所示。

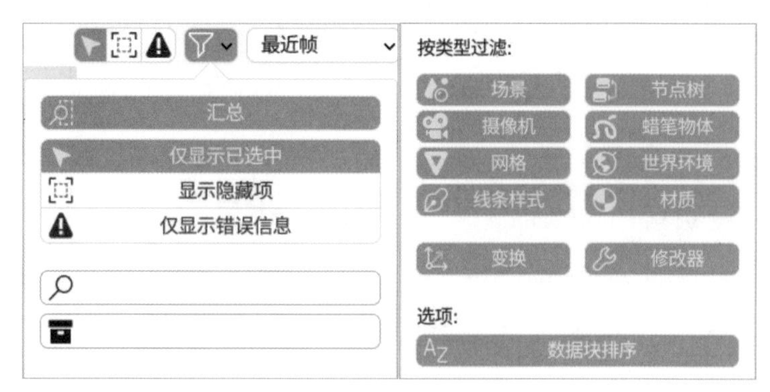

图 6-10

6.4 关键帧移动、缩放间距等控制

在时间线上选中部分关键帧后，你可以使用以下快捷键进行关键帧的操作。

1. 使用“G”键可以移动选中的关键帧。

2. 使用“R”键可以标记关键帧类型，如图 6-11 所示。

3. 使用“S”键可以缩放关键帧的间距，在缩放时使用播放头的位置作为缩放中心。

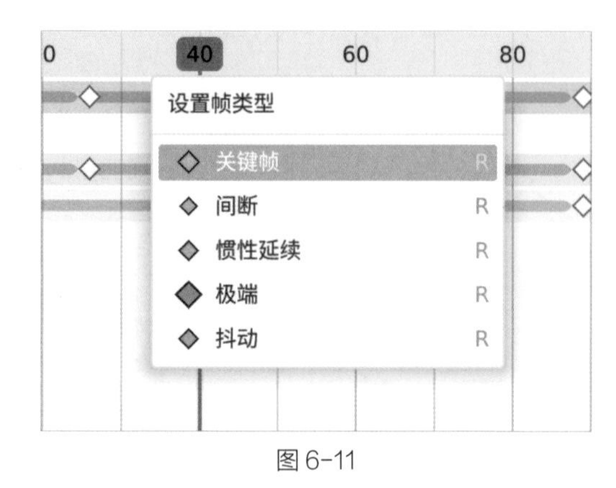

图 6-11

6.5 设置项目的起始和结束点

时间线面板的右上角可以设置当前播放项目所在帧的位置，以及当前项目动画的“起始”和“结束点”的范围，如图 6-12 所示。

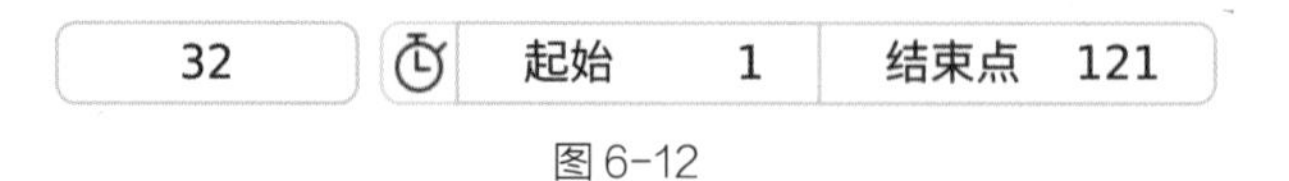

图 6-12

6.6 设置预览范围

在时间线面板上单击“秒表”按钮可以设置临时预览范围，以便来回播放某一个片段的动画。在预览范围内，可以反复播放动画，直到满意为止，如图 6-13 所示。

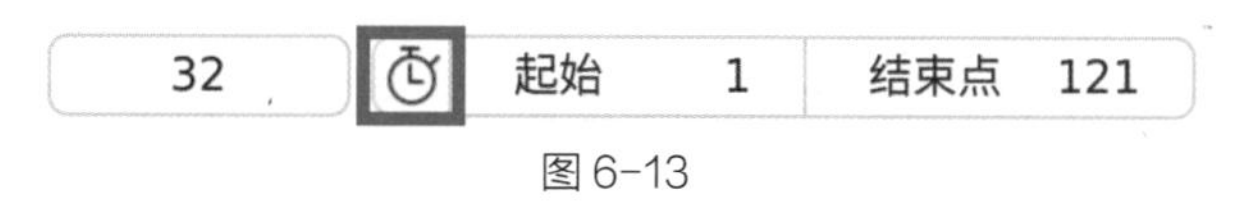

图 6-13

在动画摄影表菜单栏中的“视图”选项有显示为秒、设置预览范围的功能，以及更多的常用功能，你可以根据图 6-14 所示的快捷键使用这些功能。

图 6-14

6.7 设置帧率

帧率指的是每秒钟播放的动画帧数。静止的图像通过快速的连续播放产生的视觉错觉，就形成了动画。电影动画常采用 24 帧 / 秒的帧率，游戏动画可能采用 30 帧 / 秒或更高的帧率，以达到更流畅的游戏体验。当然，你也可以创建每秒更高的帧数来达到更流畅的动画效果。

近几年的软件补帧技术使得将 24 帧 / 秒补到 60 帧 / 秒成为可能，这样的视频在流畅度上有所提升，但可能会减弱原有的视觉冲击感或“电影感”。同时，高帧数的视频制作时间和渲染时间更长，成本也相应增加。因此，即使现在技术、设备都在不断升级，很多项目仍然基于传统、成本、审美和行业标准等因素，选择使用 24 帧 / 秒或 30 帧 / 秒的帧率来制作动画。

在 Blender 中可以执行“属性面板→输出属性→帧率”命令，设置当前工程的帧率，如图 6-15 所示。

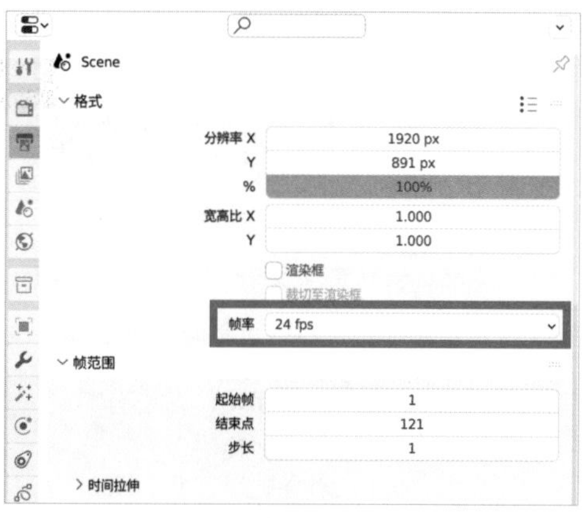

图 6-15

6.8 动画摄影表的标记作用

“标记”是标记一个时间点的工具，可以使用“标记”来组织你的动画、添加注释。如图6-16和图6-17所示，在第150帧的地方创建一个标记，并输入对应的文本来提醒自己。

图 6-16

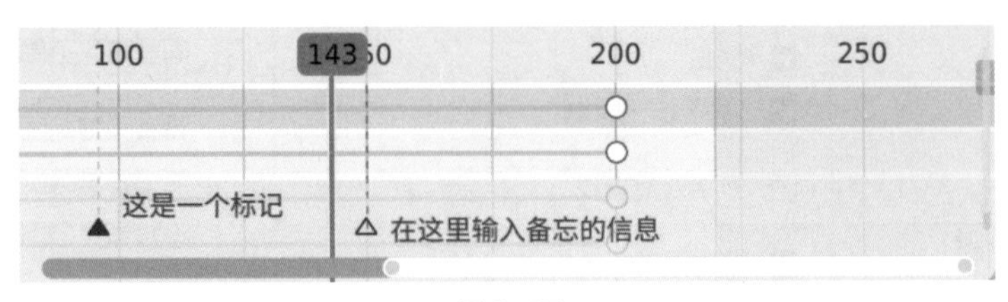

图 6-17

除此之外，如果需要在多个摄像机物体之间切换，可以选中需要切换的摄像机，然后将摄像机绑定到当前的关键帧位置，当播放头到达当前标记位置时，就会切换到需要的摄像机画面中去，如图6-18所示。

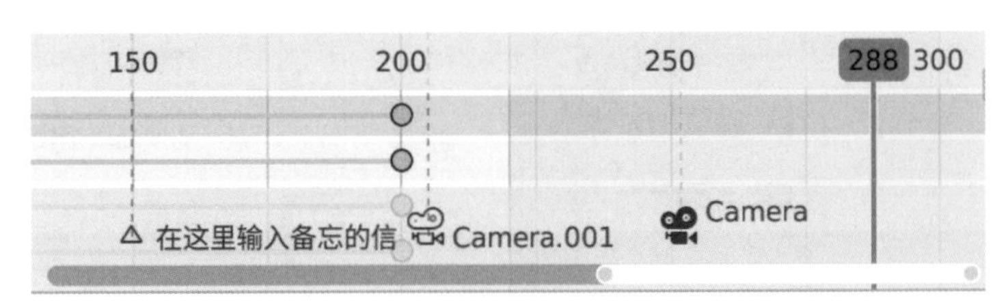

图 6-18

6.9 同步

时间线的菜单选项中有一个特别有用的设置，那就是将同步模式从默认的“播放每帧”切换为“同步到音频”或“帧优化”，如图6-19所示。

图 6-19

当你的计算机配置不高，而动画场景里物体太多时，实时播放无法设置每秒播放的帧数量，就会导致动画看起来变慢，你可以将回放中的同步改为“帧优化”或“同步到音频”，系统会自动丢掉一些帧来保证动画流畅播放，但是这并不会改变最终的渲染效果。

6.10 自动插帧

自动插帧如图 6-20 所示。当将播放头移动到其他位置时，绘制新图案或者在编辑模式做出改动，都会在当前位置自动创建一个关键帧。当关闭自动插帧功能时，绘制或者在编辑模式改动笔画时，会对最近的关键帧进行更改而不会创建一个新的关键帧。

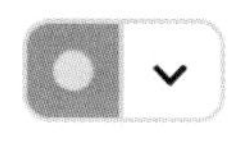

图 6-20

自动插帧功能在创建二维动画布局预设时，默认是开启状态的。当创建其他模式的预设时，会默认关闭此功能。

6.11 插值

插值工具可以使 Blender 自动计算并补充关键帧之间的变化，这在很多情况下可以显著减少手动设置中间帧的时间，如图 6-21 和图 6-22 所示。

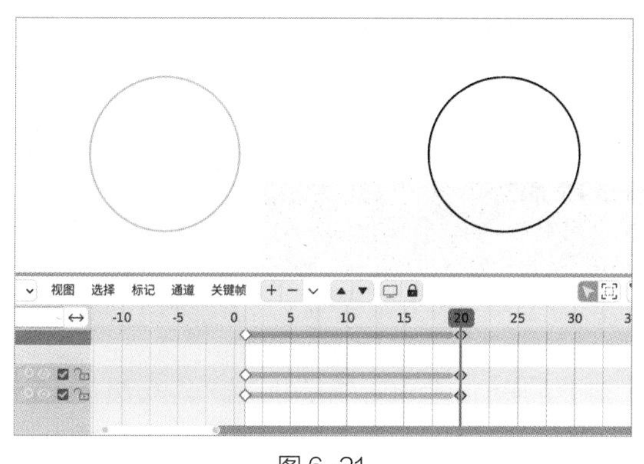

图 6-21

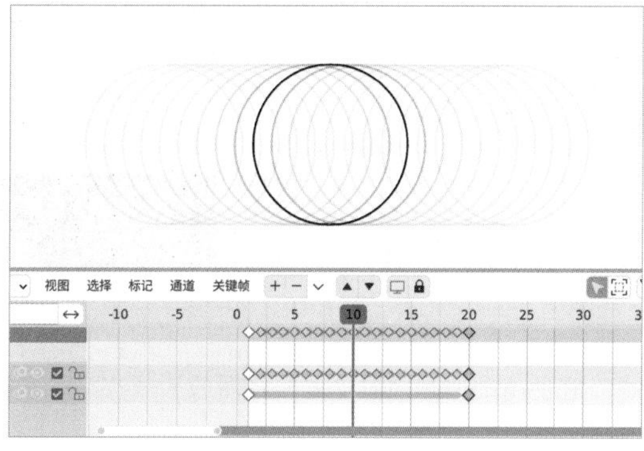

图 6-22

6.11.1 单帧插值

在绘制模式和编辑模式中左边的工具栏可以找到插值功能图标，如图 6-23 所示。

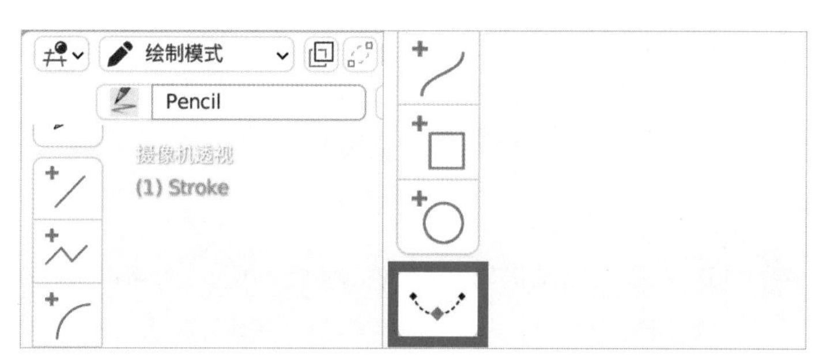

图 6-23

选择该功能图标后，将播放头移动到 2 个关键帧之间的空白帧的位置，在 3D 视图中拖动鼠标光标，就能在当前的播放头位置创建一个蓝色的间断帧，也可以使用快捷键“Ctrl+E”来使用该功能，如图 6-24 和图 6-25 所示。

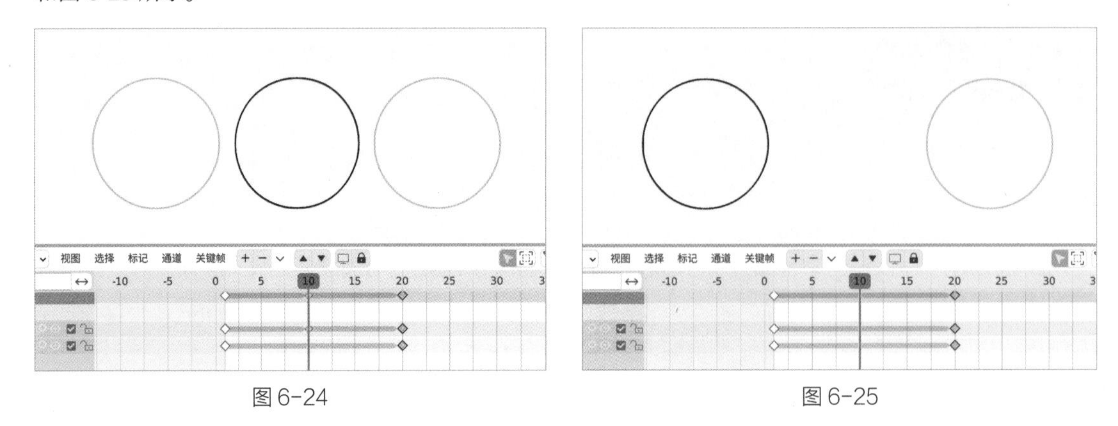

图 6-24　　图 6-25

6.11.2　序列插值

在绘制模式和编辑模式中的 3D 视图左上方的菜单栏中可以找到“插值顺序”选项，也可以使用快捷键“Shift+Ctrl+ E”来开启该功能，如图 6-26 所示。

图 6-26

在使用插值顺序时，需要将播放头放在 2 个关键帧之间来确定生成范围，如图 6-27 和图 6-28 所示。

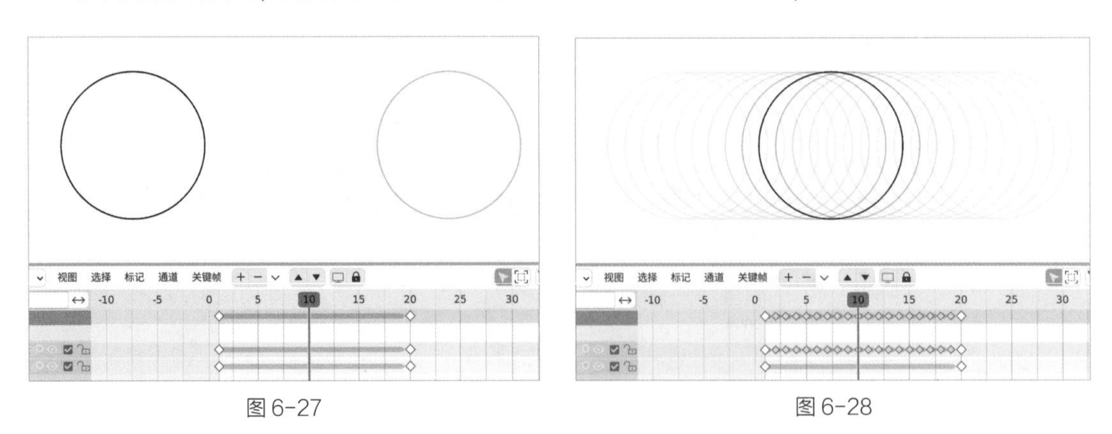

图 6-27　　图 6-28

在使用插值顺序后，3D 视图左下角会出现一个折叠的面板，展开之后可以调整插值的详细参数，如图 6-29 所示。

步长：调整间断帧生成的帧间隔，如图 6-30 所示。

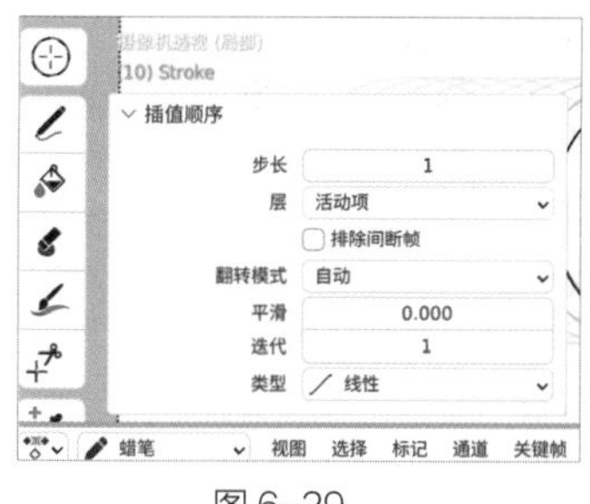

图 6-29

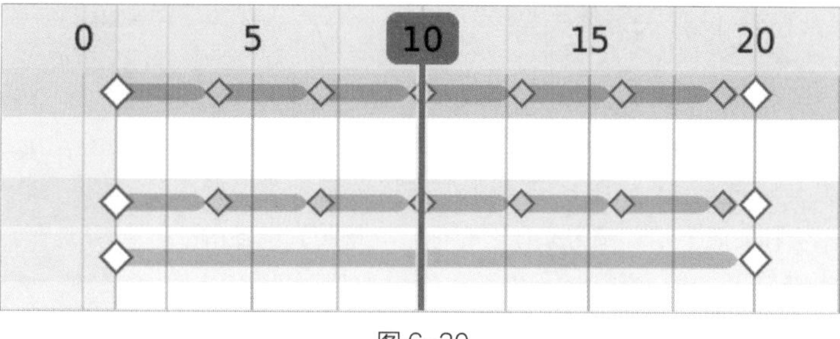

图 6-30

层：选择为哪些图层生成间断帧。

排除间断帧：开启后只把间断帧之外的关键帧看作生成序列的起始和结尾范围。

翻转模式：设置笔画是否发生翻转。

平滑：使生成的间断帧平滑。

迭代：增加平滑迭代次数，强化平滑效果。

类型：选择一种动画节奏或者自定义曲线来改变间断帧的动画变化节奏，如图 6-31 和图 6-32 所示。

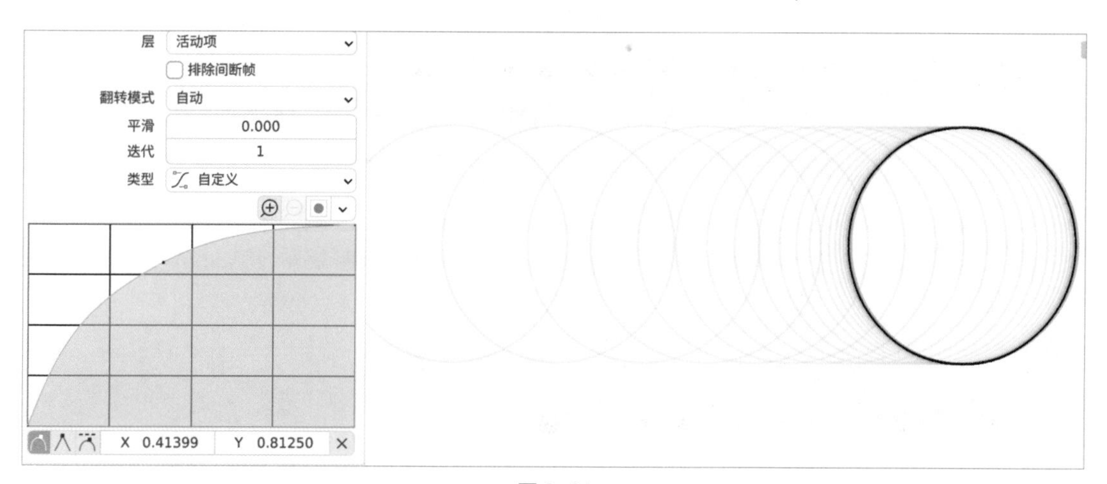

图 6-31

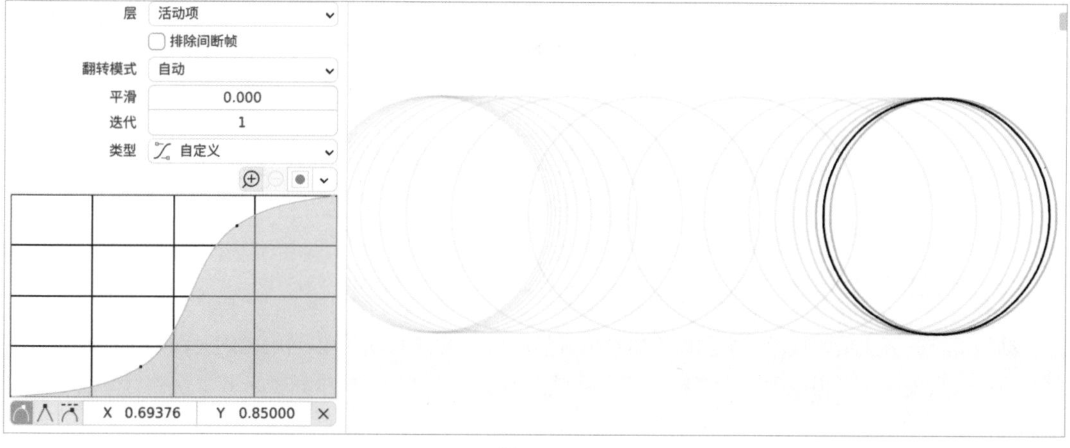

图 6-32

6.11.3　设置关键帧类型

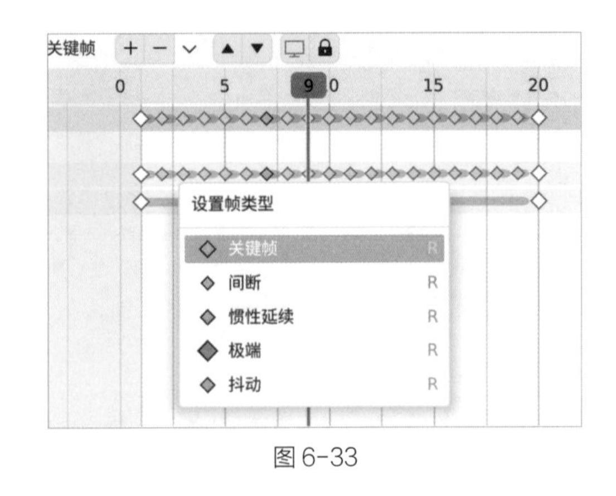

图 6-33

选中动画摄影表上的“关键帧”后，将鼠标光标放置在动画摄影表区域，使用快捷键“R”可以设置关键帧的类型，如图 6-33 所示。这些关键帧类型并不会在实质上给动画带来什么变化，只是起到标注的作用。

6.11.4　移除间断帧

如果想移除在使用插值工具后出现的蓝色的关键帧，你可以在动画摄影表的时间轴上单击鼠标右键，选择“移除间断帧”，如图 6-34 和图 6-35 所示。

如果需要保留部分间断帧，选择需要保留的关键帧后，按快捷键“R”将其设置为非间断帧类型的关键帧，再单击鼠标右键移除间断帧，就不会移除想要保留的关键帧了，如图 6-36 所示。

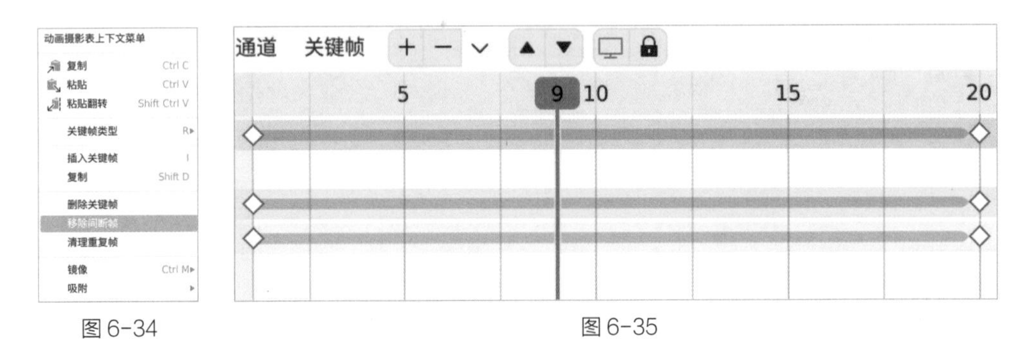

图 6-34　　　　图 6-35

图 6-36

6.11.5　插值旋转

插值工具的算法是比较每一个顶点的相对位置然后进行直线运动，所以当笔画的运动为旋转动画时，笔画看起来会先缩小，再放大。为了解决这个问题，需要手动增加一些中间帧来减少这种看似缩小的效果出现。

6.12 练习：插值

Blender 的插值原理是对比前后两帧的笔画绘制顺序生成中间帧。当前后两帧所绘制的笔画顺序不同时，会导致生成的中间帧效果变得混乱，为了更好地理解插值的原理，你可以参照下面的步骤来进行 3 个插值的练习。

首先进行第一个正常的插值练习。

（1）新建一个“二维动画”布局的工程，如图 6-37 所示。

（2）将播放头移动到第 1 帧，在画布的左侧一笔画出一颗星星，再一笔画出一个圆圈，如图 6-38 所示。

图 6-37

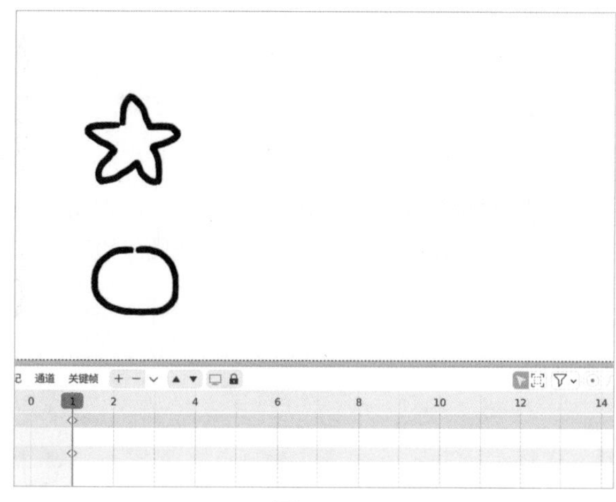

图 6-38

（3）将播放头移动到第 10 帧，在画布的右侧一笔画出一颗星星，再一笔画出一个圆圈，如图 6-39 所示。

（4）将播放头移动到第 1 帧至第 10 帧之间，使用快捷键“Ctrl+Shift+E”进行“插值顺序”操作，如图 6-40 所示。

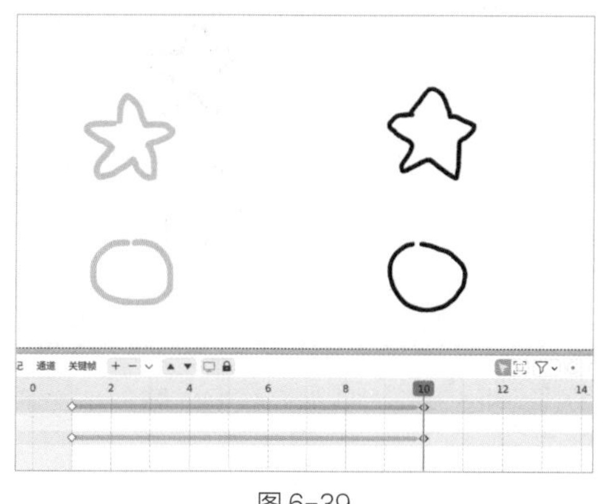

图 6-39

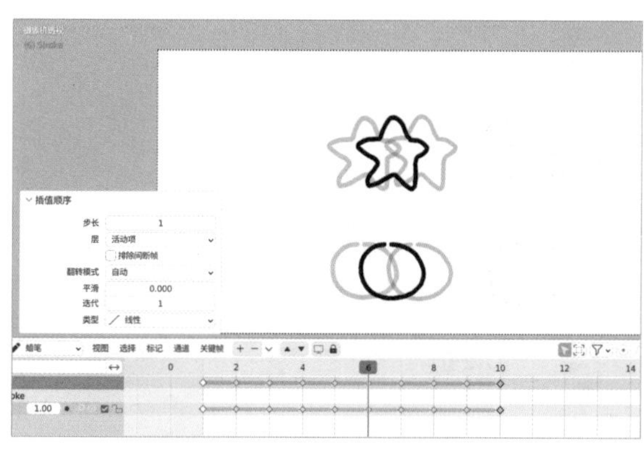

图 6-40

（5）现在你得到了一个星星和圆圈从画布左边移动到右边的动画，可以按“Space”键播放动画，如图 6-41 所示。

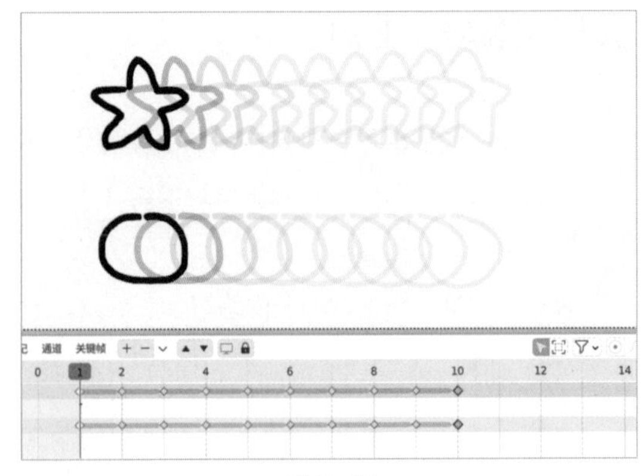

图 6-41

现在再来尝试第二个顺序相反的插值练习。

（1）新建一个“二维动画”布局的工程，如图 6-42 所示。

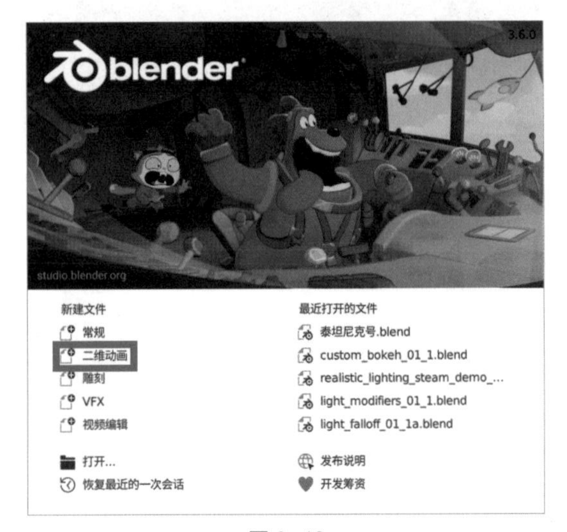

图 6-42

（2）将播放头移动到第 1 帧，在画布的左侧一笔画出一颗星星，再一笔画出一个圆圈，如图 6-43 所示。

（3）将播放头移动到第 10 帧，请注意这次需要先在画布的右侧一笔画出一个圆圈，再一笔画出一颗星星，这样就得到了相反的笔画顺序，如图 6-44 所示。

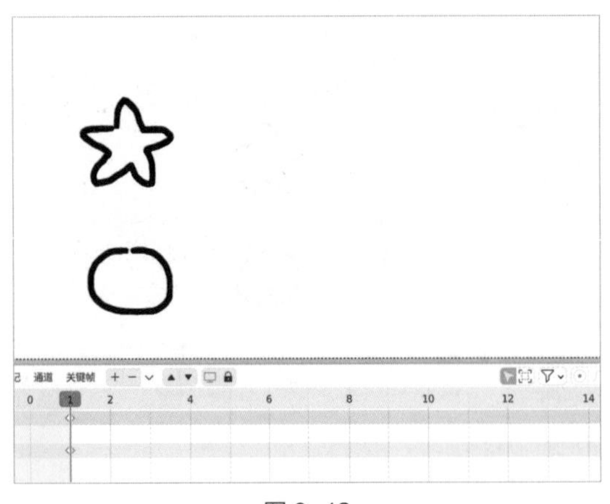

图 6-43

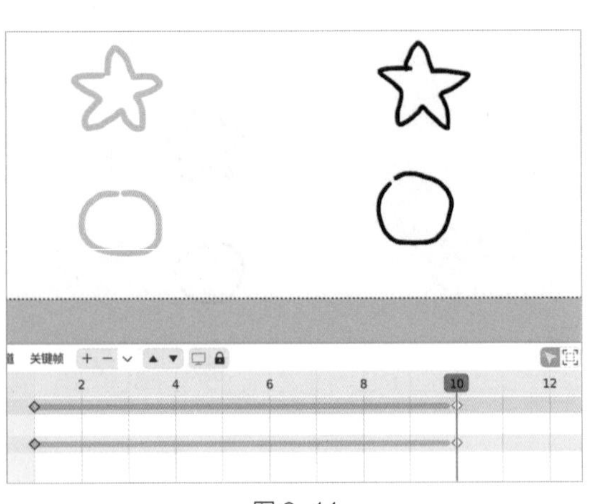

图 6-44

（4）将播放头移动到第 1 帧至第 10 帧之间，使用快捷键“Ctrl+Shift+E”进行“插值顺序”操作，如图 6-45 所示。

（5）现在可以按“Space”键播放动画，你可以得到一个星星和圆圈互相转换的效果，如图 6-46 所示。

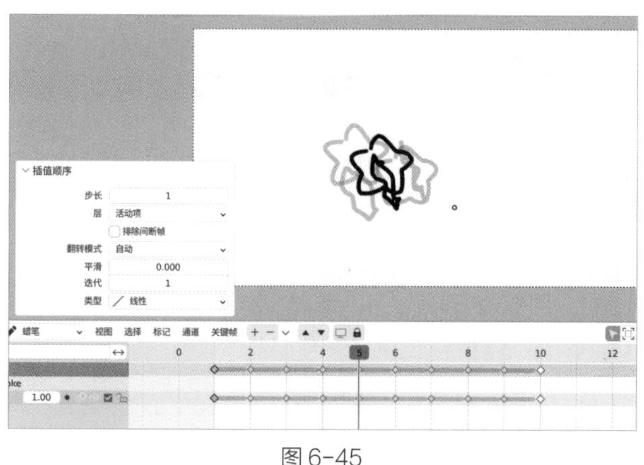

图 6-45

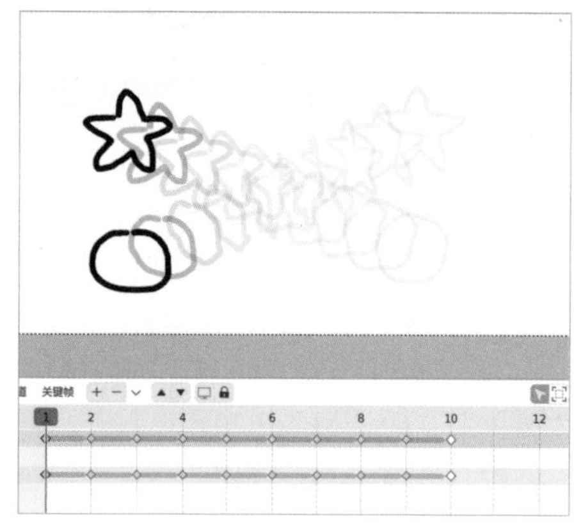

图 6-46

现在再来尝试第三个练习，绘制顺序相反的插值动画，使用指定插值的方法来修正插值笔画变化。

（1）新建一个“二维动画”布局的工程，如图 6-47 所示。

（2）将播放头移动到第 1 帧，在画布的左侧一笔画出一颗星星，再一笔画出一个圆圈，如图 6-48 所示。

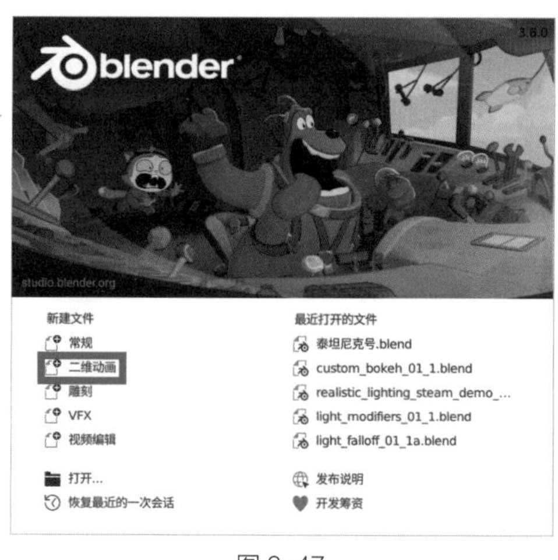

图 6-47

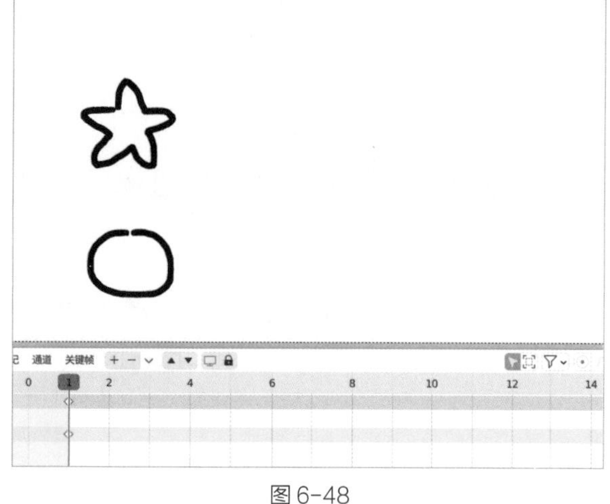

图 6-48

（3）将播放头移动到第 10 帧，请注意这次需要先在画布的右侧一笔画出一个圆圈，再一笔画出一颗星星，这样就得到了相反的笔画顺序，如图 6-49 所示。

（4）将播放头移动到第 1 帧至第 10 帧之间，使用快捷键“Ctrl+Shift+E”进行“插值顺序”操作，如图 6-50 所示。

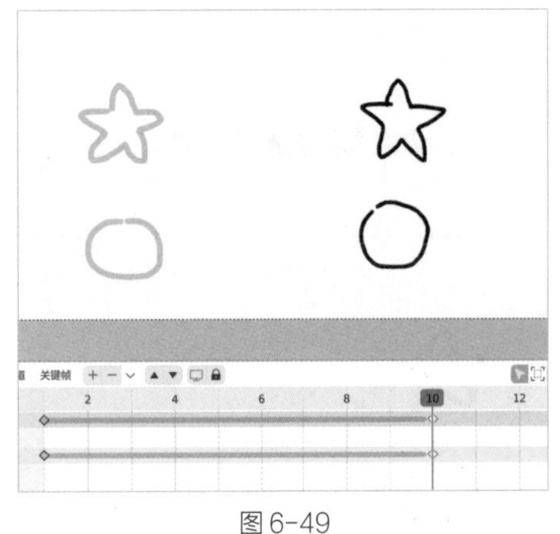

图 6-49

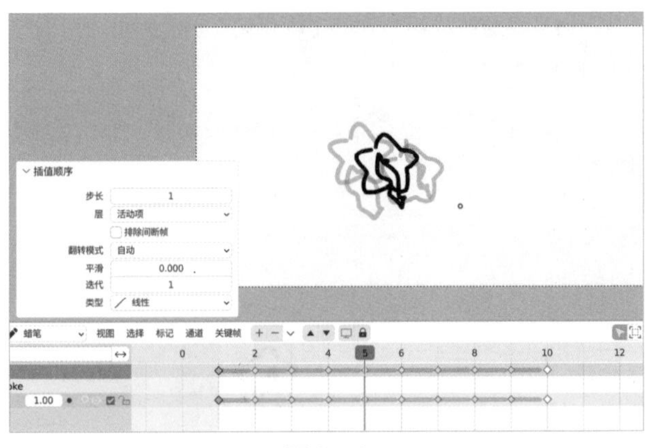

图 6-50

（5）现在按“Space”键播放动画时，星星会变为圆圈，而圆圈会变为星星，接下来对动画进行修复，如图 6-51 所示。

（6）将播放头移动到第 1 帧和第 10 帧之间，单击鼠标右键，在“动画摄影表上下文菜单”中选择“移除间断帧”，如图 6-52 所示。

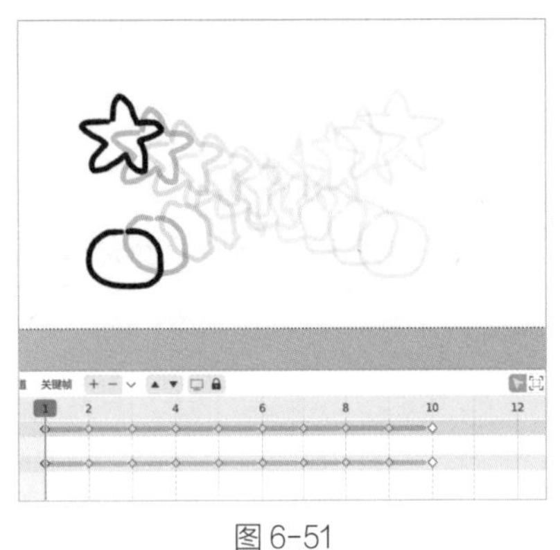

图 6-51

图 6-52

（7）按住“Shift”键的同时选中第 1 帧和第 10 帧的关键帧，如图 6-53 所示。

（8）进入编辑模式，并单击“多重帧”功能图标，如图 6-54 所示。

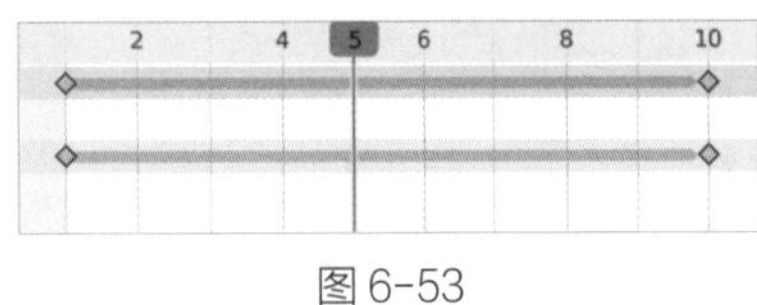

图 6-53

图 6-54

（9）在 3D 视图左侧的工具选项中选择“插值”工具，如图 6-55 所示。

（10）勾选插值工具的“仅选中”选项，这样可以对仅选中的笔画进行插值而不会影响其他笔画，如图 6-56 所示。

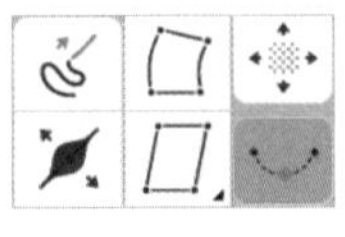

图 6-55

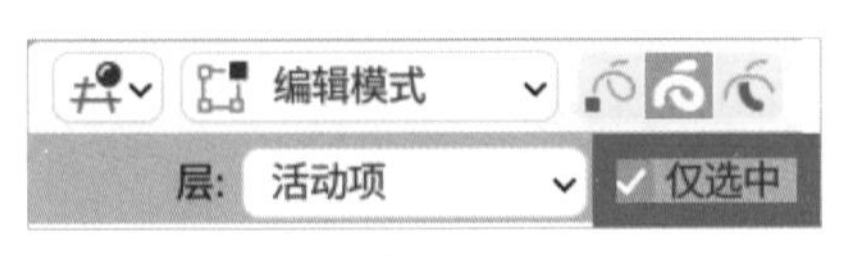

图 6-56

（11）在 3D 视图中选中第 1 帧的星星，按住“Shift”键选中第 10 帧的星星，如图 6-57 所示。

（12）将播放头移动到第 9 帧，如图 6-58 所示。

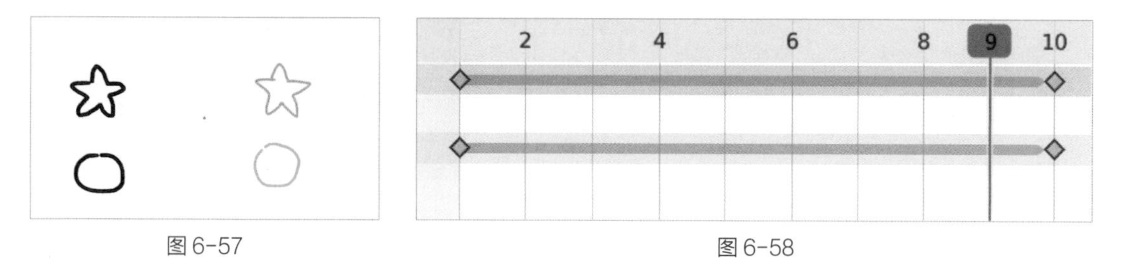

图 6-57　　图 6-58

（13）使用插值工具，在 3D 视图中拖动鼠标光标时，Blender 会生成一个插值出来的星星，根据鼠标左右移动的位置长短决定星星在画面上的位置，将星星移动到第 10 帧星星的位置，如图 6-59 所示。

（14）在 3D 视图中选中第 1 帧的圆圈，按住“Shift”键的同时选中第 10 帧的圆圈，如图 6-60 所示。

图 6-59

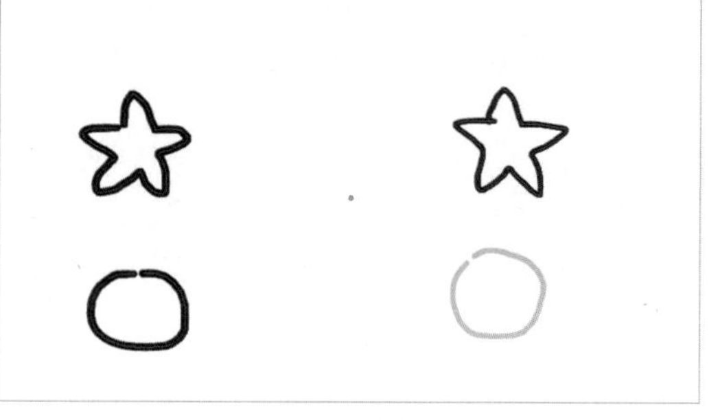

图 6-60

（15）使用插值工具，在 3D 视图中拖动鼠标光标生成插值出来的圆圈，将它移动到第 10 帧圆圈所在画面的位置，如图 6-61 所示。

图 6-61

（16）现在第 9 帧的内容已经和第 10 帧相同，在时间轴上选择第 10 帧，将第 10 帧上的帧进行删除，如图 6-62 所示。

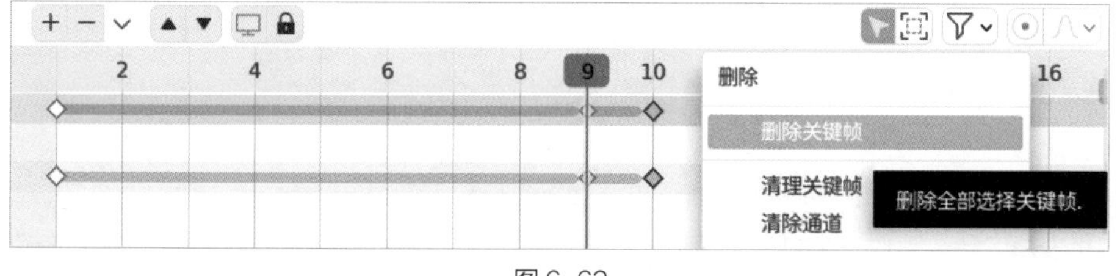

图 6-62

（17）将第 9 帧上的帧移动到第 10 帧的位置，如图 6-63 所示。

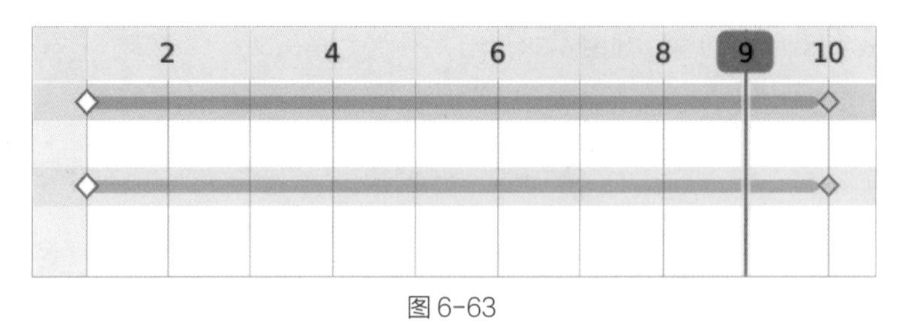

图 6-63

（18）为了区分清楚关键帧和间断帧，将第 10 帧的帧类型使用快捷键“R”设置为“关键帧”，如图 6-64 所示。

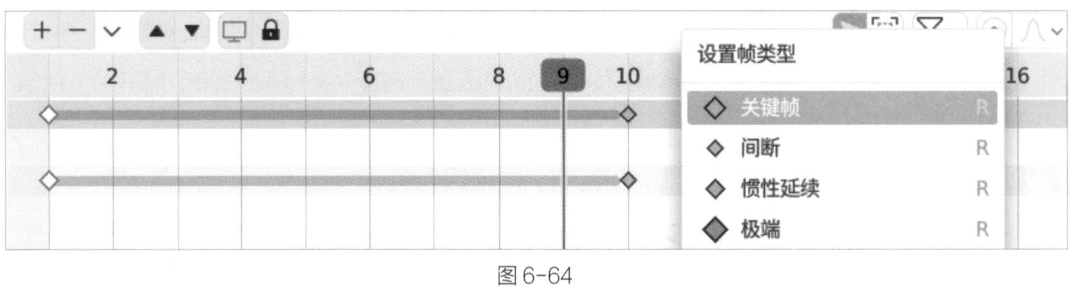

图 6-64

（19）将播放头移动到第 1 帧至第 10 帧之间，使用快捷键“Ctrl+Shift+E”进行“插值顺序”操作，如图 6-65 所示。

（20）现在按“Space 键”，星星和圆圈不会互相调换，这样就得到了正确的插值效果，如图 6-66 所示。

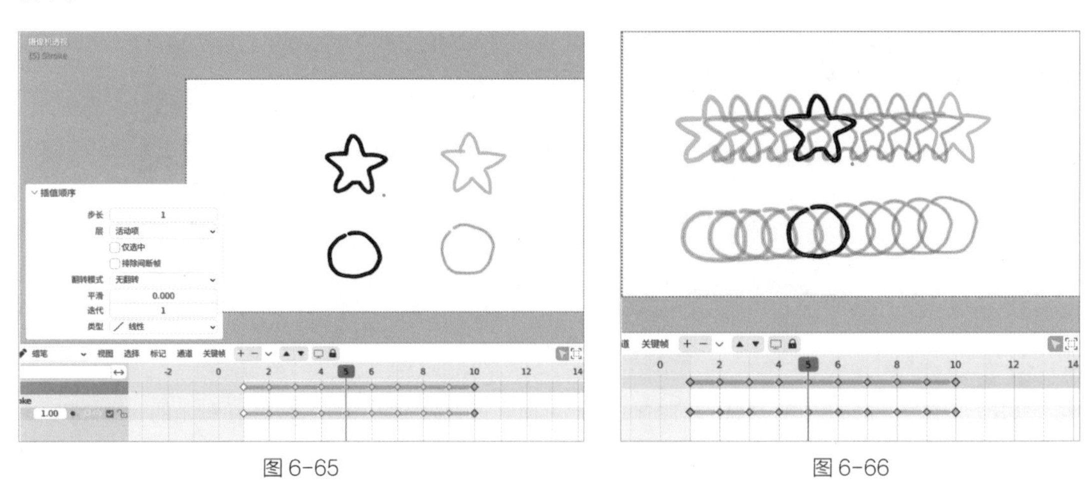

图 6-65　　图 6-66

6.13 空间和时间

在制作动画时，需要考虑空间和时间两个因素。简单地说，首先考虑空间上的因素，演员（人或者物体）当前在哪里表演了什么动作。在制作动画时，需要精确到每个动作，在当前的剧情要求中，角色从 A 点走到了哪儿，是 B 点还是 C 点？如图 6-67 所示。

图 6-67

在确定空间之后，再考虑时间，在这 2 个点之间变化需要花费多久的时间。

在 Blender 中，可以先画出不同时间发生的动作关键帧，不需要考虑时间是否合理。当动作都画好后，再调整每个关键帧之间所需要的时间间隔。

6.14 关键帧和中间帧

关键帧：关键动作和关键画面，只靠关键帧就可以明白整套动作讲述的事情。在绘制关键帧时需要保证关键帧的质量和准确性，只有这样才能保证中间帧的效果。

关键帧的数量要合理，例如，图 6-68 所示的这个球的运动轨迹实际播放时会呈现折线的运动路径。在这种情况下，就应该增加关键帧数量，或者画出运动曲线来更好地制作动画，如图 6-69 所示。

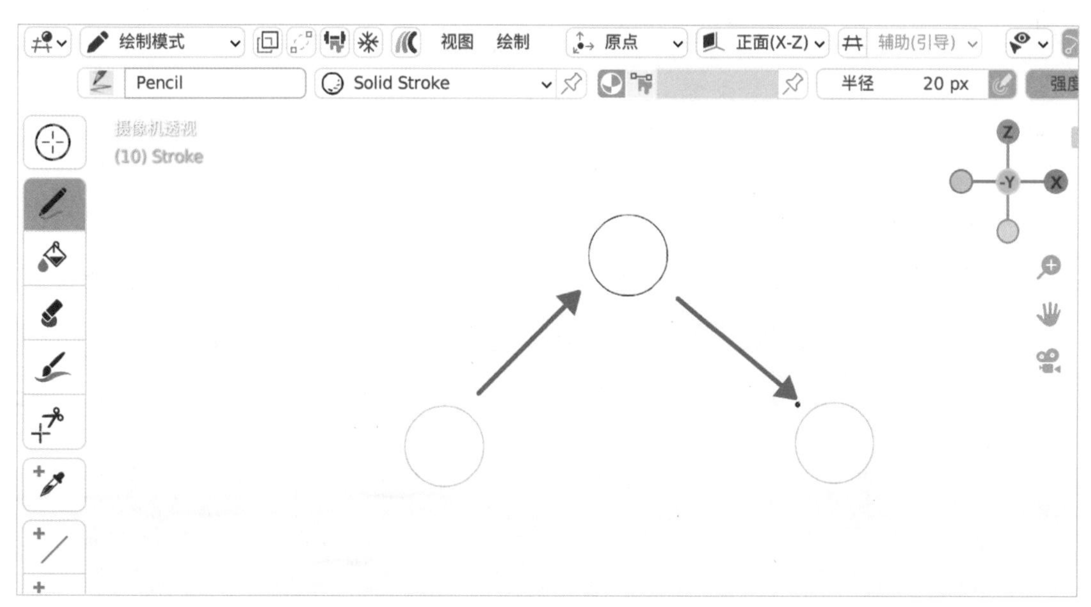

图 6-68

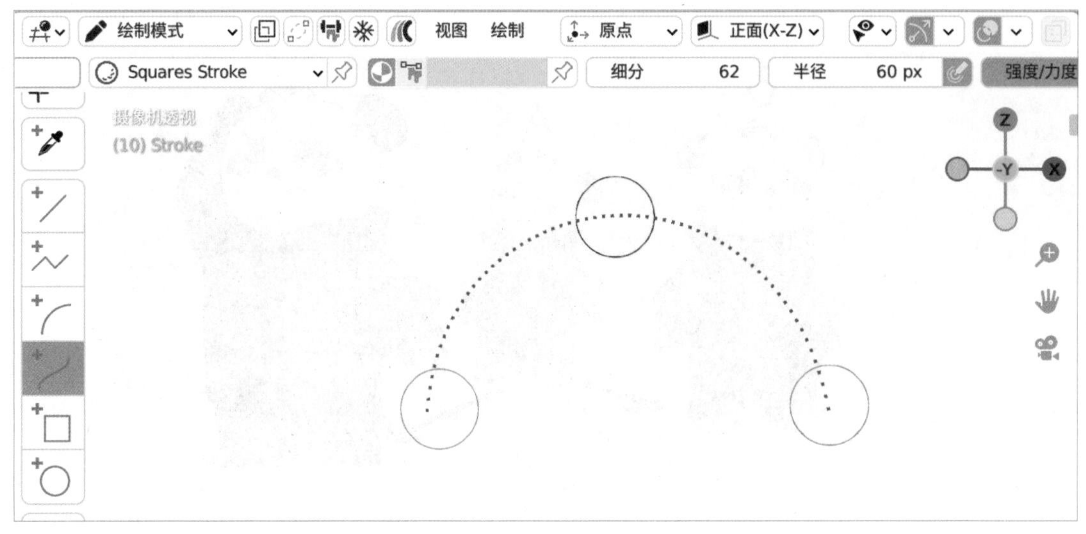

图 6-69

中间帧：两个关键帧之间的帧，能使动画效果流畅的帧，如图 6-70 所示。

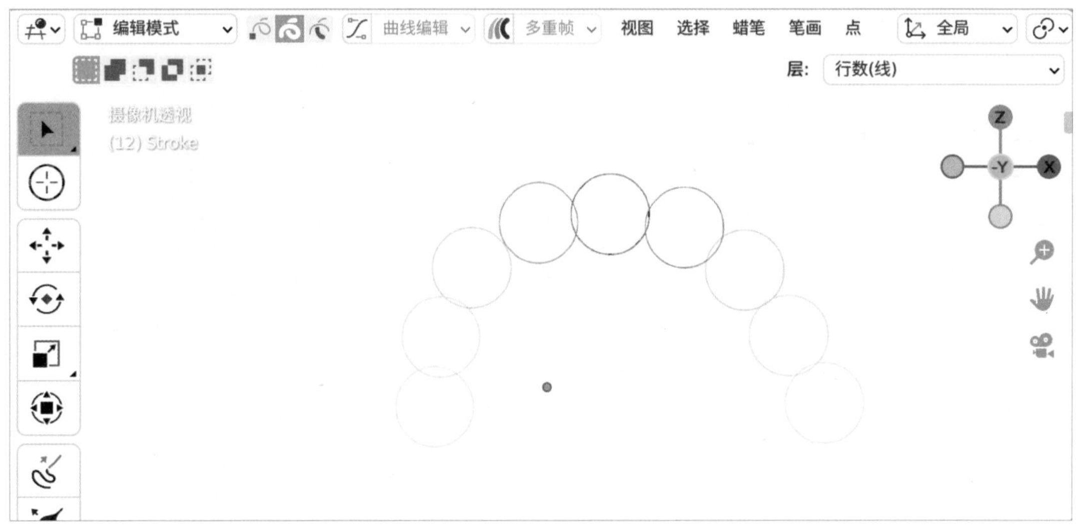

图 6-70

提示

如果想要缩短动画的制作周期，可以适当地将中间帧的质量降低，但是从总量上来说，质量高的帧和质量低的帧的比例应该为 3 ： 2 或者 2 ： 1，这样总体观感才不会太差。

6.15 什么是一拍二

一拍二是 2D 动画制作中的一种减少工作量的技巧。在传统 2D 纸制动画流程中需要用摄像机拍摄每一张画好的图纸，而每一张纸在电子设备上播放时需要按照一定的帧率进行，为了减少工作量，在使用摄像机拍摄时，会进行重复的拍摄来满足足够的帧率，同一张图拍摄 2 次就称为一拍二。在计算机上制作 2D 动画时为了节约时间，并不会每一个帧都绘制一个新画面，也会使用重复的关键帧，而一拍二的做法也继续流传了下来。一拍二就是说，每秒虽然有 24 帧但是只有 12 张图。这样可以减少工作量，同时也会牺牲一些动作的流畅度。一般来说，一拍二多用于较慢或较简单的动作，而快速或复杂的动作则需要用到一拍一，日常对话需要用到一拍三。

在 Blender 中，一拍一就是每帧都有一张图，如图 6-71 所示。

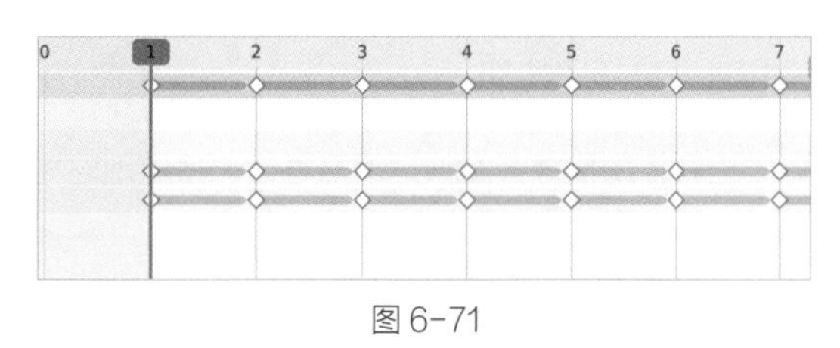

图 6-71

一拍二就是每 2 帧一张图，如图 6-72 所示。

一拍三就是每 3 帧一张图，如图 6-73 所示。

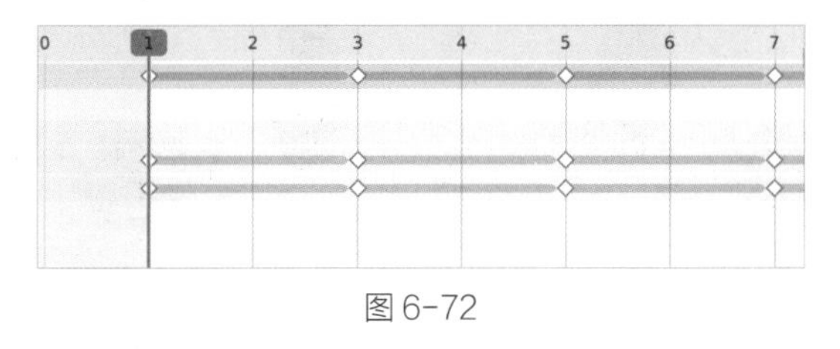

图 6-72

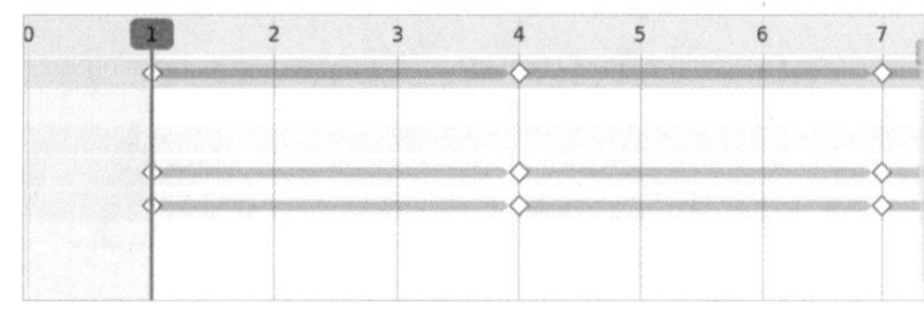

图 6-73

6.16 同描

当制作动画时，有一些画面是静止的，如果画面中没有其他在运动的物体，比如，雪花，落叶等，整个画面都静止时，会显得有些呆板和时间上的冻结感，这种情况下可以对角色静止帧的线稿进行重复描绘，重复描绘几帧之后，因为描绘时产生的差异，播放时线条带来的细微抖动，会让画面更加丰富生动，如图 6-74 和图 6-75 所示。

图 6-74

图 6-75

6.17 动画十二项法则

动画十二项法则源于 Ollie Johnston 和 Frank Thomas 在 1981 年出版的《The Illusion of Life: Disney Animation》一书，该书译名为《生命的幻象》。动画十二项法则仍旧影响着当代 2D 动画制作者以及 3D 动画制作者。

虽然 Blender 是一个 3D 计算机图形软件，但动画十二项法则同样适用于使用 Blender 进行动画创作的场景。动画师在 Blender 中可以运用这些法则来提升动画的真实感和吸引力。

接下来，将简单地介绍动画十二项法则。

6.17.1 挤压 / 拉伸

当物体碰撞或者突然运动的时候，适度地对物体进行挤压或拉伸，可以更好地表达物体特质。在挤压或拉伸物体时，应确保物体的总体积保持不变。拉伸时，物体的长度会增加，而宽度或厚度会相应减少，以保持体积恒定；挤压时，物体的长度会缩短，而宽度或厚度会相应增加，同样保持体积不变。一只卡通灰色小鸟在跳起和下落时受到挤压和拉伸的效果如图 6-76 所示。

图 6-76

6.17.2 预备动作

预备动作可以增加动作的丰富度和真实感，以使视觉感受更加连贯。例如，挥拳前先收手臂，跳起前先下蹲，如图 6-77 到图 6-79 所示。

图 6-77

图 6-78

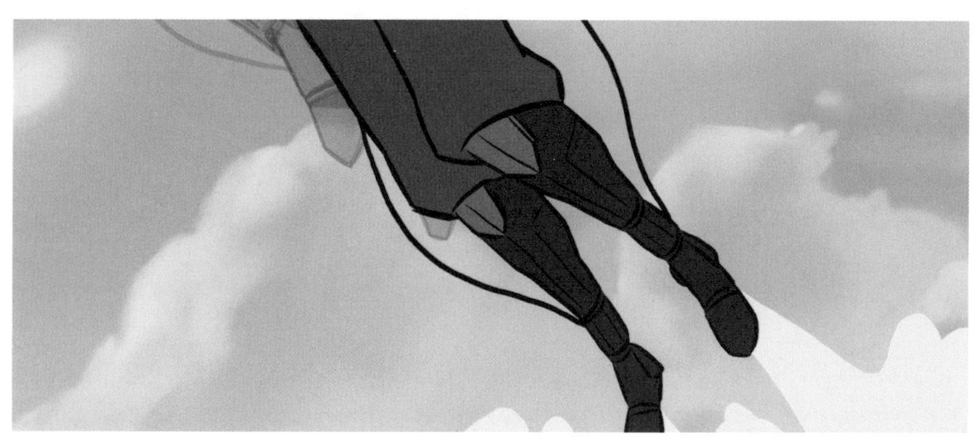

图 6-79

6.17.3 演出布局

构思角色与场景，从真实的角度出发，想清楚当前故事该如何表达。避免不太合理的情况出现在场景中，特殊需求除外。例如，一个只吃蔬菜的人不可能有很大块的肌肉，喜阳植物难以生长在没有阳光的地方。图 6-80 绘制的是一个戴着墨镜的盲人女孩在画画，显然很不合理。

图 6-80

6.17.4 连续动作和关键动作

连续动作的绘制方法是按先后顺序绘制每一帧并进行推演，如图 6-81 到图 6-84 所示。以这种方式绘制出来的动画会更自然，但是结果可能和预期结果不同。

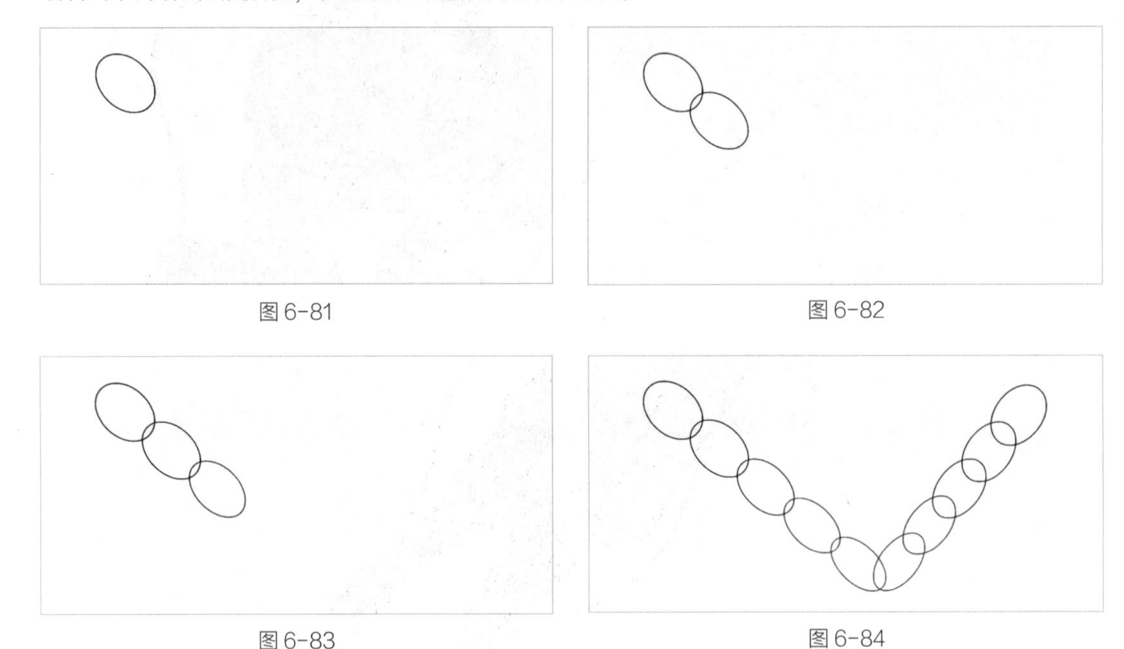

图 6-81

图 6-82

图 6-83

图 6-84

一帧一帧绘制直到所有帧都绘制完成，这里中间的每一帧就不展示了。简单的球体运动对结果的预测一般都比较接近实际，但在比较复杂的角色动画上使用连续动作的绘制方法时，随着帧数的逐渐增加对结果的把控就会越发困难，如图 6-85 和图 6-86 所示。

图 6-85

图 6-86

关键动作的绘制方法是先绘制重要的关键帧，然后再填充中间的过渡帧，如图 6-87 和图 6-88 所示。通过关键帧绘制出来的作品可以更精确和有组织地运动，但缺点是可能不如一帧一帧的方法自然。

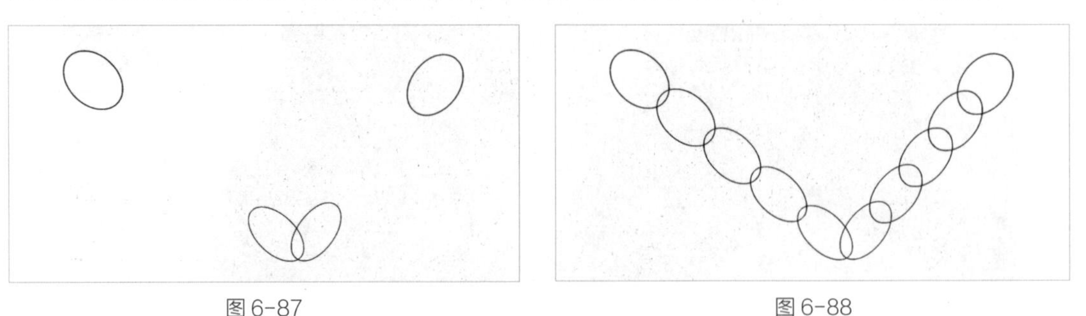

图 6-87

图 6-88

关键动作的具体绘制方法是先画一小段动画动作的关键帧后，再去补齐中间的帧，如图 6-89 和图 6-90 所示。

图 6-89

图 6-90

6.17.5 跟随与重叠

跟随与重叠是两个相互关联的技术，可以使动画更加生动。跟随动作指的是当人物停止运动时，他身体上其他连接的部件还会继续运动，并且超过人物停止的位置，然后再运动回来，直到完全静止。当一个跑步的人停下来时，他的头发、衣服、挂饰等都会因为惯性而向前摆动。

重叠动作指的是身体不同部分的移动速度不同。当头往另一边运动时，头发、挂饰等会延迟于头进行运动，如图 6-91 所示。

图 6-91

6.17.6 缓入缓出

大部分的物体运动从静止到移动是慢慢加速的，从移动到静止是慢慢减速的，动画应该是非线性的。不管是飞机还是汽车，在达到最高速度之前都需要一定的时间来进行加速，如图 6-92 所示。

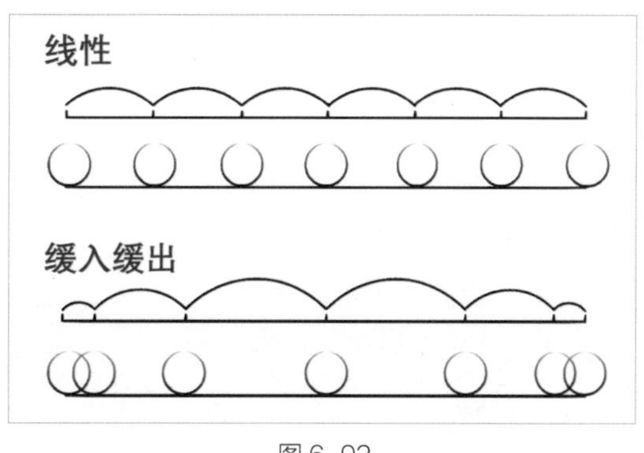

图 6-92

6.17.7 弧线运动

在制作具有生命的物体动画时，应避免使用过于僵硬的直线运动轨迹，因为这样的轨迹可能显得机械而不自然。相反，应该根据生命体运动的自然规律和特点，设计流畅、多变的运动轨迹，这些轨迹可以是弧形、曲线或直线的组合，以更好地展现生命体的活力和动感，如图 6-93 所示。

图 6-93

6.17.8 次要动作

次要动作可以增加动画的趣味性，但是不能影响主要动作的表达。例如，一个走路的动画，无论是手揣在裤兜里，还是抱在胸前，它都是一个走路动画，但是两者却表现了不一样的走路风格，如图 6-94 所示。

图 6-94

6.17.9 时间节奏

在制作动画时，需要预估完成当前动作所需要的时间，例如，转头需要多少时间，或者一个后空翻需要多少时间，如图 6-95 所示。

图 6-95

6.17.10 夸张

夸张地表达一些东西，例如，物体的挤压、人物 / 动物的表情、人物 / 动物的肢体动作，这些夸张的表达有助于给正在发生的事情增添情感，如图 6-96 所示。

图 6-96

6.17.11 绘画基本功

在 2D 动画中学习和使用透视、体积、重量、平衡、轮廓、动作等基本的绘画技巧，可以使角色和物体看起来更立体和真实，如图 6-97 所示。

图 6-97

6.17.12 吸引力

如果想让角色或物体看起来有吸引力，可以通过设计、颜色搭配、肢体语言等方式增加角色物体的吸引力，不是说只有帅气、美丽的人物五官才具有吸引力，如图 6-98 所示。

图 6-98

效果器：让动画更有亮点

本书的第 7 章将介绍 Blender 的蜡笔效果器来进一步增加蜡笔的视觉效果。

7.1 效果器的简述

在 Blender 中，效果器是一种后期的视觉效果处理，并不对蜡笔本身的笔画顶点数据产生影响，是所以效果器并不会对修改器进行交互，并且效果器只能对整个蜡笔产生影响，不能只影响某个图层或者顶点组等。

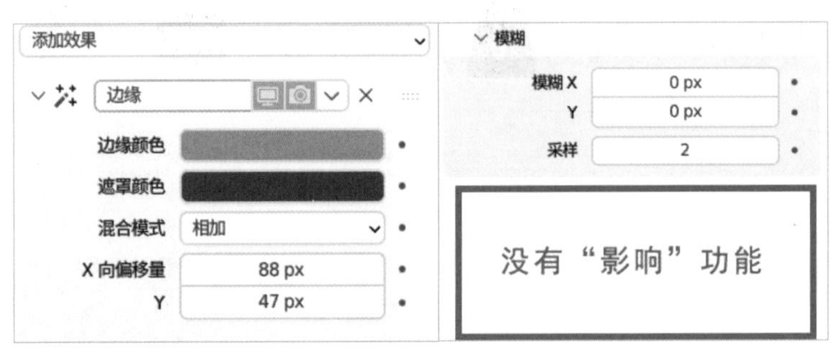

图 7-1

效果器的效果在线框、实体、材质预览模式下不可见，只有在渲染预览模式下才可以看见效果。图 7-2 和图 7-3 为材质预览模式下和渲染预览模式下的边缘效果器的区别。

图 7-2

图 7-3

效果器与修改器有不同之处和相同之处，和修改器相同的是，效果器的上下顺序会影响效果器的最终效果，如图 7-4 和图 7-5 所示。

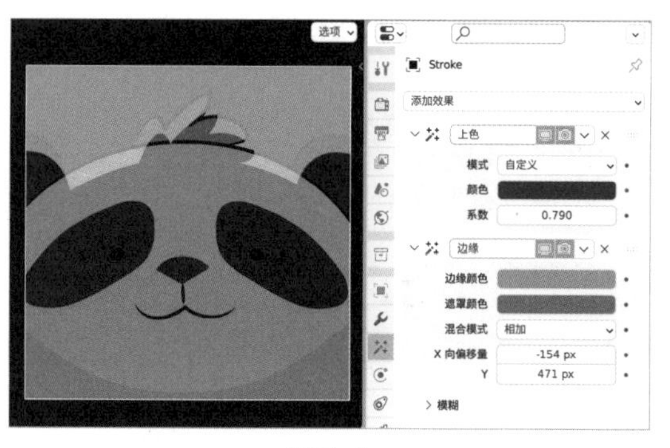

图 7-4

图 7-5

效果器和修改器不同的是，大部分的效果器都有采样设置，增加“采样”数值可以减少因为采样过低带来的色彩断层、重影、像素感，如图 7-6 所示。

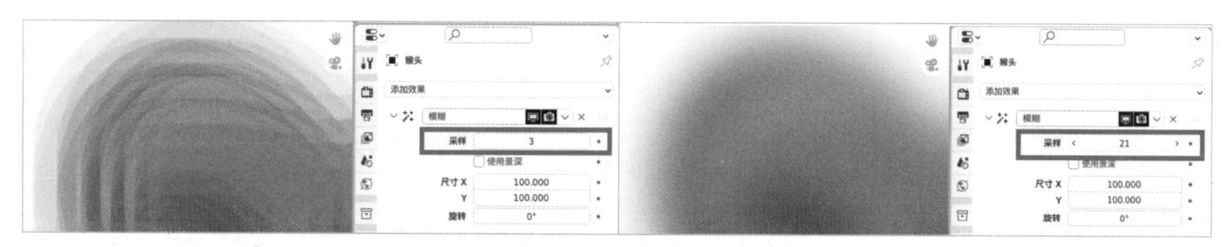

图 7-6

7.2 模糊

使用“模糊”效果器可以用来制作景深的模糊效果，你可以根据自己需要的强度去增加尺寸“X”“Y”的值，值越大模糊就越强，如图 7-7 到图 7-9 所示。当尺寸“X” “Y”的值较大时，需要提高采样来达到更好的视觉效果。

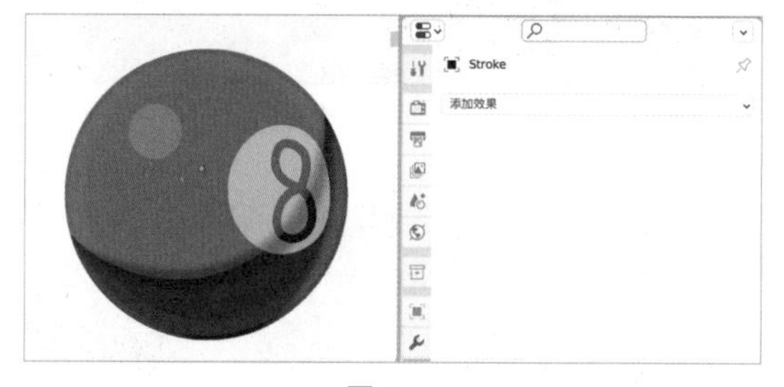

图 7-7

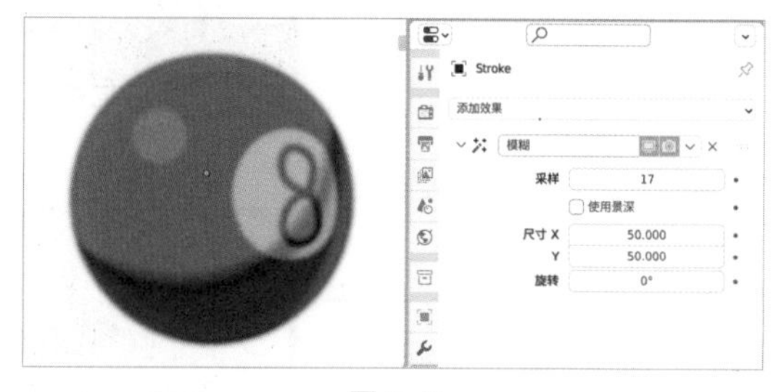

图 7-8

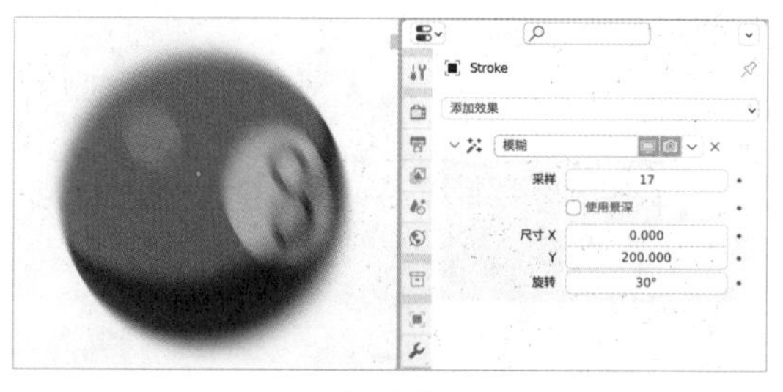

图 7-9

当想要得到运动模糊的效果时，你可以对尺寸“X”或者“Y”进行数值调整得到模糊效果，再通过更改“旋转”值来决定运动模糊的方向，如图 7-10 所示。

勾选“使用景深”选项后，将无法对参数进行变更，如图 7-11 所示。在勾选“使用景深”选项后，Blender 会使用摄像机的景深对其进行控制。

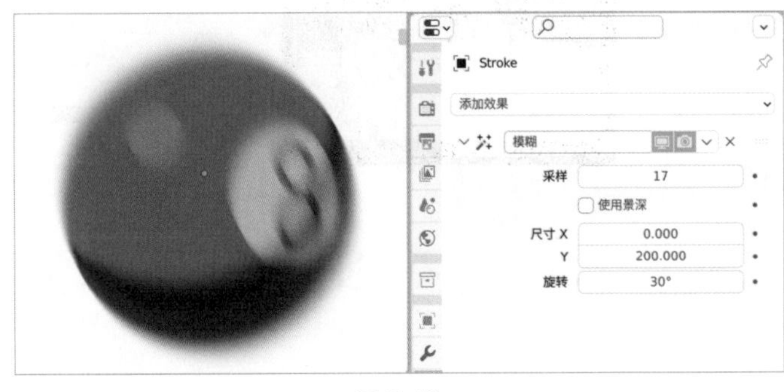

图 7-10

图 7-11

在大纲视图选中“摄像机”后，在“摄像机”的属性中勾选“景深”选项，可以设置焦点物体、距离、光圈等参数，如图 7-12 所示。设置前后的画面如图 7-13 和图 7-14 所示。

图 7-12

图 7-13

图 7-14

7.3 上色

“上色”效果器和“染色”修改器的效果差不多，“上色”效果器拥有多个模式，如图 7-15 所示。

1. 灰度等级：将图像转换成黑白图像，“系数”越高越接近黑白，如图 7-16 所示。

图 7-15

图 7-16

2. 施佩尔：将图像转换成偏灰带一点棕色调倾向的图像，“系数”越高越接近棕色调，如图 7-17 所示。

3. 持续时间：使用“持续时间”模式将对具有高对比度和亮度的颜色进行色调分离。“持续时间”模式中的“低彩色”和“高彩色”将决定原图中进行转换的色彩颜色。“系数”会改变“低彩色”范围和“高彩色”范围的转化占比，如图 7-18 所示。

图 7-17

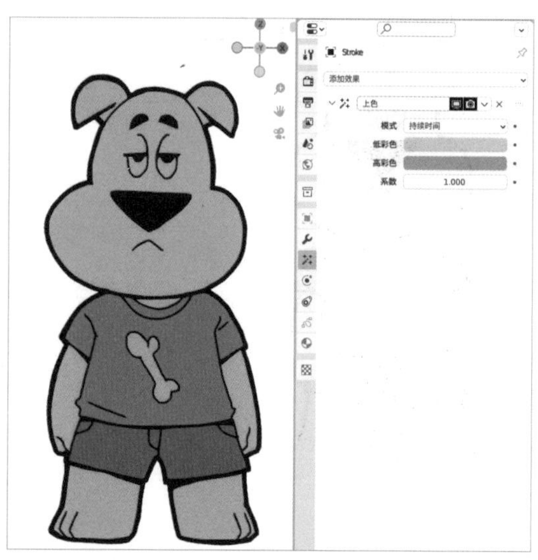

图 7-18

4. 透明：让蜡笔出现透明现象，“系数”越小就越透明。值得一提的是，“上色”效果器的透明效果不会带来“透明”修改器的笔画之间重叠式的透明效果，而是整体一起透明，如图 7-19 所示。

5. 自定义：允许定义一个色调自定义颜色，如图 7-20 所示。

图 7-19

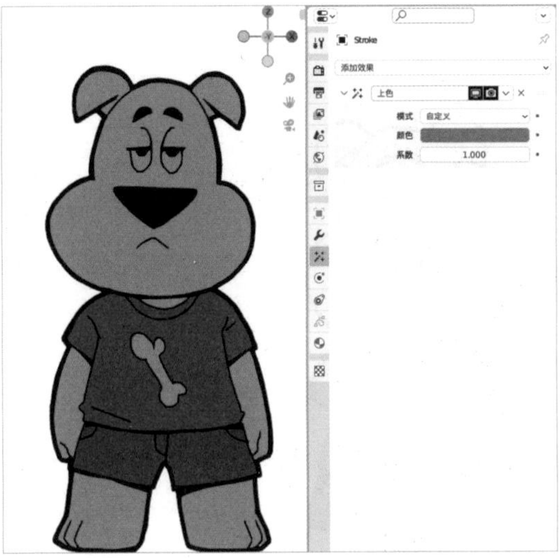

图 7-20

7.4 翻转

“翻转”效果器是一个可以把当前蜡笔进行水平翻转或者垂直翻转的工具，如图 7-21 和图 7-22 所示。

图 7-21

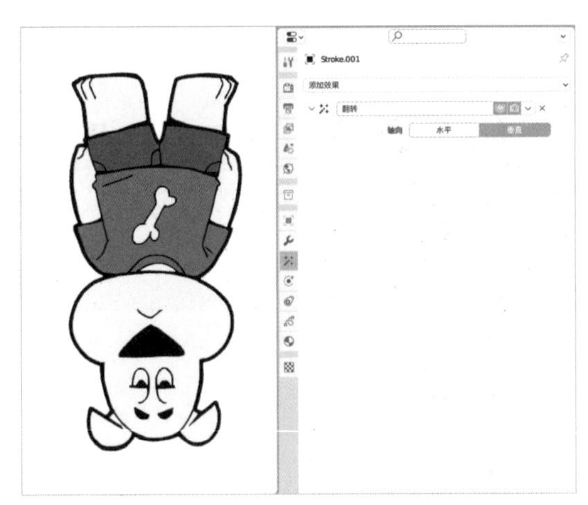

图 7-22

7.5 发光

“发光”效果器可以给蜡笔添加一个高光区域的模糊发光效果，有亮度和颜色两个模式可供选择，这两个模式只影响哪些地方产生辉光，并不影响亮度和颜色。“发光”效果器在背景比较黑的时候效果会比较明显。

1. 阈值：决定产生辉光的颜色的亮度等级，如图 7-23 和图 7-24 所示。

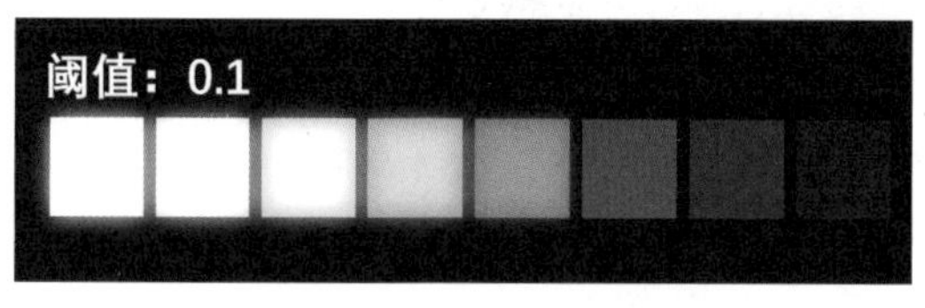

图 7-23

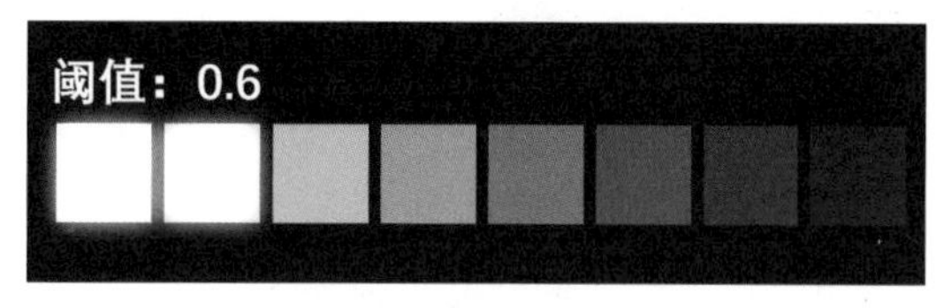

图 7-24

2. 辉光颜色：可以更改默认的浅蓝色为浅绿色，浅绿色在不同亮度下的辉光效果如图 7-25 所示。

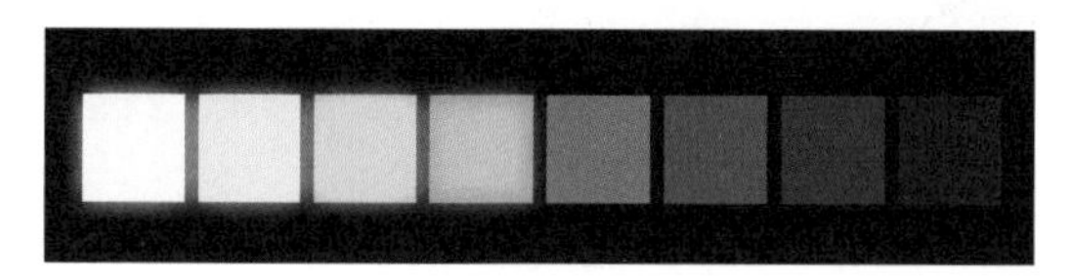

图 7-25

3. 混合模式：可以选择“常规”或者“相加”，也可以根据需求选择其他模式，如图 7-26 到图 7-28 所示。

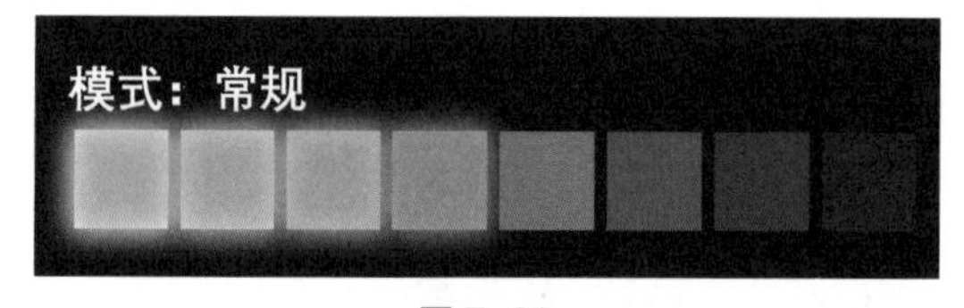

图 7-26

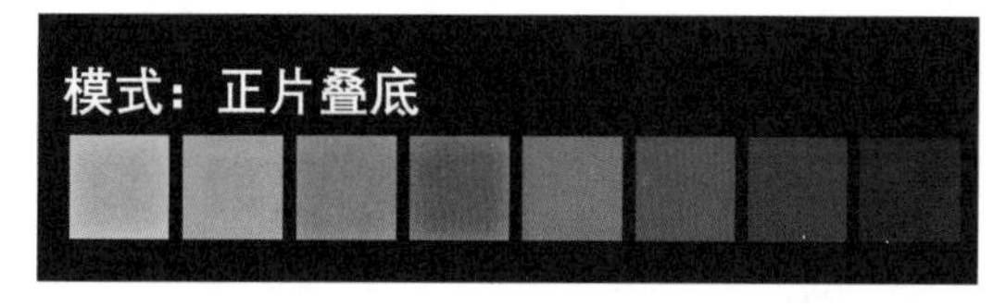

图 7-27

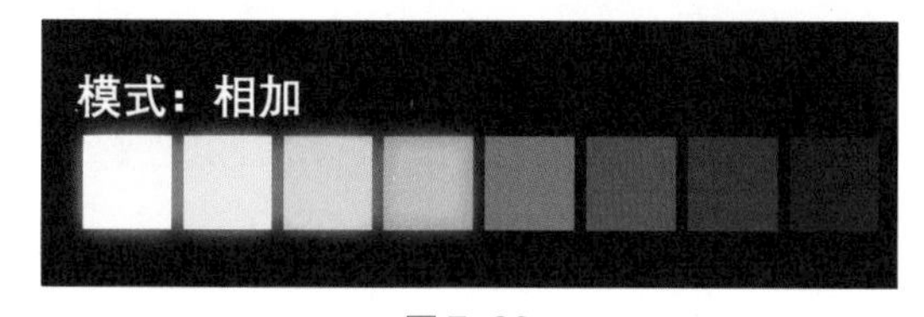

图 7-28

4. 不透明度：决定辉光不透明的程度。

5. 尺寸 X、Y：决定辉光向外溢出的范围。

6. 旋转和采样：在“采样”数值比较高的物体上旋转效果不明显，在“采样”数值低的物体上可以看到很明显的效果，但是因为一般都会采用高“采样”值，所以旋转数值没有太大的作用，如图 7-29 所示。

7. 辉光下：开启后，辉光不会影响原本的蜡笔范围，而是把辉光效果叠放在蜡笔下面，如图 7-30 所示。

图 7-29

图 7-30

7.6 像素化

“像素化”效果器可以用来做马赛克效果，如图 7-31 所示。

图 7-31

7.7 边缘

“边缘”效果器在画面只有一个底色平铺的情况下，可以最大限度地提高画面的完成度。

1. 边缘颜色：控制物体边缘的颜色。

2. 遮罩颜色：可以让一些更暗的颜色不添加边缘光，可以通过提高遮罩颜色的明度来使黑色线稿也获得边缘光的效果。

3. 混合模式：通常选用“相加”模式，当然也可以根据自己的需要选择其他模式。

4. 偏移量 X、Y：移动边缘光的位置。

5. 模糊 X、Y：通过调整模糊的“X”值和“Y”值，再提高“采样”值，以得到更柔和的边缘光。

6. 采样：提高模糊后的边缘光采样率，如图 7-32 和图 7-33 所示。

图 7-32

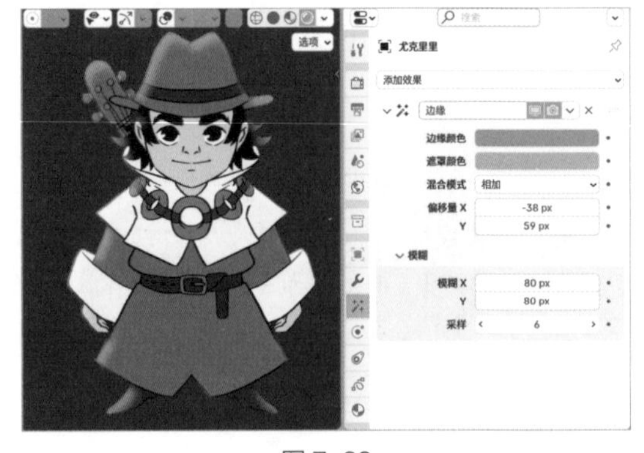

图 7-33

7.8 阴影

“阴影”效果器在一开始添加的时候看不到太多的效果，你需要更改偏移量的“X”值和“Y”值，你也可以通过更改缩放值或者旋转值来改变阴影的形状，如图 7-34 所示。

图 7-34

1. 物体轴心：开启之后可以选择一个物体，这样就可以使用这个物体来控制阴影效果缩放和旋转的轴心了，如图 7-35 所示。

图 7-35

2. 模糊：更改模糊的“X”值和“Y”值使阴影模糊，建议提高“采样”值减少重影。

3. 波浪效果：给阴影添加“波浪效果”能让阴影产生扭曲，如图 7-36 所示。

图 7-36

7.9 漩涡

“漩涡”效果器的物体选项中必须要有选择一个物体，“漩涡”效果器才会正常运行，当一个修改器或者效果器没有正常运行的时候，图标颜色会变为红色，如图 7-37 所示。

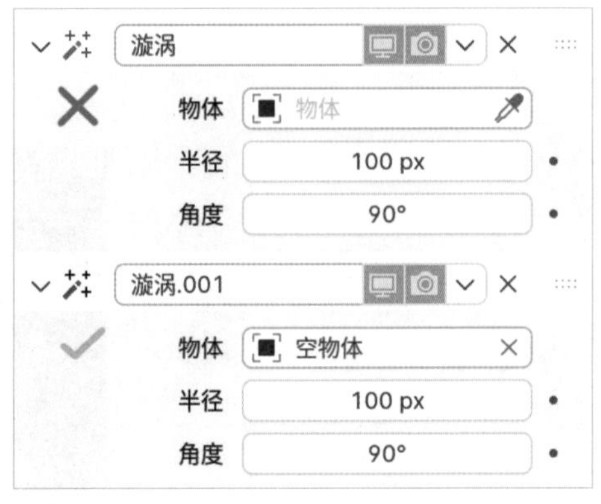

图 7-37

你可以使用一个“空物体”，用以控制漩涡所产生的中心点，使用“漩涡”效果器可以制作一个漩涡的效果，如图 7-38 所示。你也可以移动蜡笔，每次蜡笔经过这个物体都会产生很有趣的变形，如图 7-39 所示。

图 7-38

图 7-39

7.10 波浪畸变

“波浪畸变”效果器可以用来做波浪扭曲的效果，可以使用“水平”或者“垂直”模式来选定变形方向。

1. 振幅和周期：改变振幅和周期可以改变波浪的高度和宽度。

2. 相位：改变相位不会改变波浪的形状，只会让波浪进行位移，可以在相位上按“I”键记录关键帧来做一个波浪的动画效果，如图 7-40 所示。

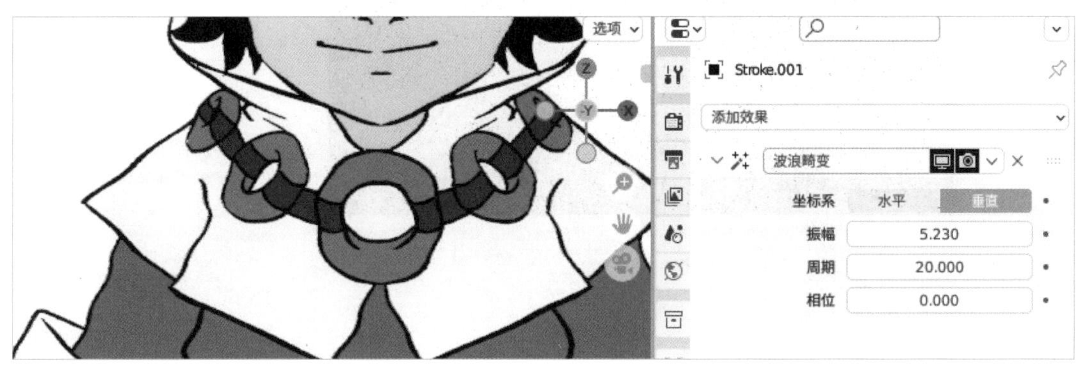

图 7-40

将蜡笔进行复制粘贴，旋转成头朝下的角度后添加“波浪畸变”效果器，如图 7-41 所示。或者也可以叠加多个效果器让画面更丰富，如图 7-42 所示。

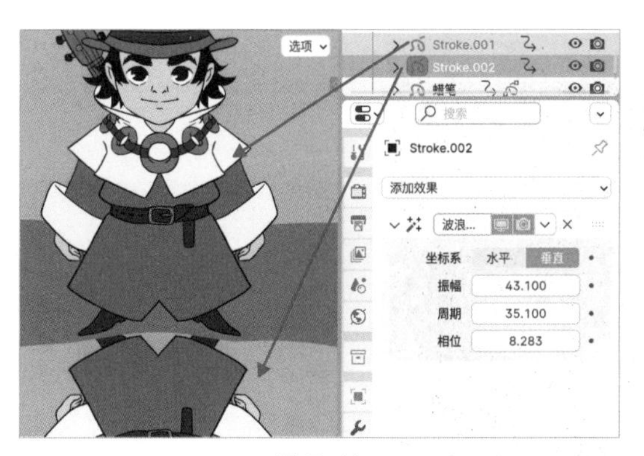

图 7-41

图 7-42

7.11 练习：霓虹文字

这小节将学习通过不同效果器的叠加，来创建一个霓虹文字的效果。

（1）创建一个蜡笔，使用暗色材质画一个覆盖整个画布的暗色背景，如图 7-43 所示。

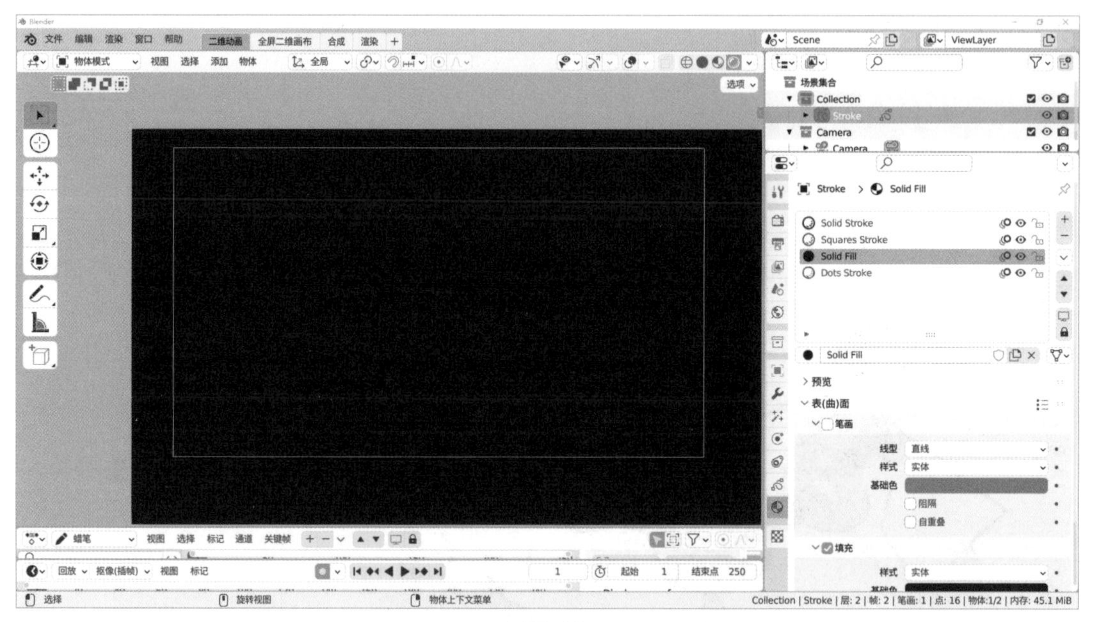

图 7-43

（2）创建一个新的蜡笔，使用暗色材质随意写一些文字，注意使用“强度”为“1”的蜡笔，如图 7-44 所示。

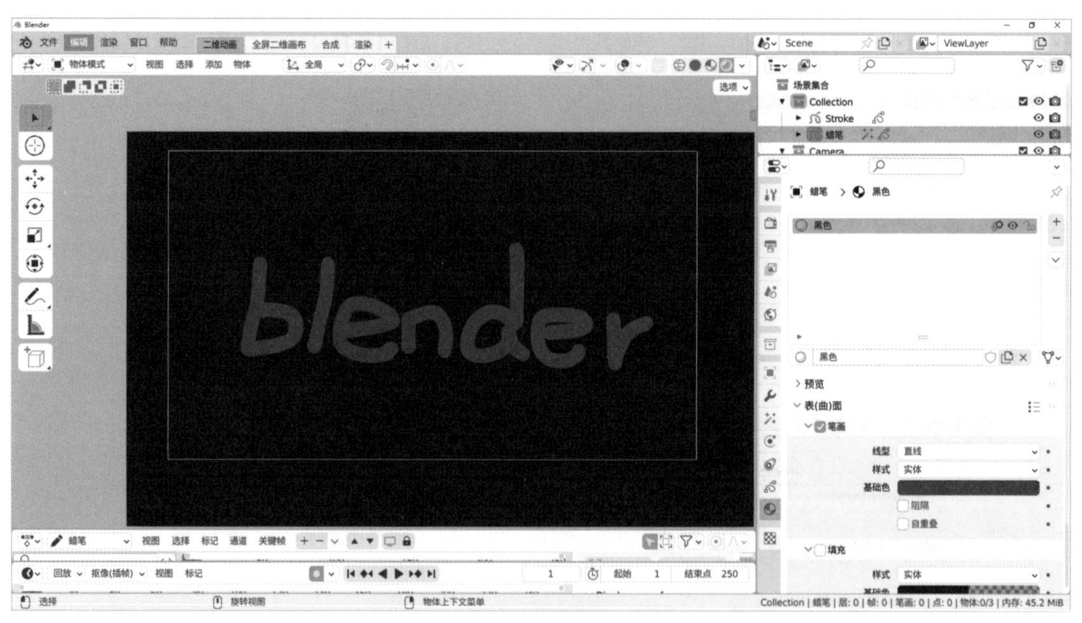

图 7-44

（3）给文字添加“边缘”效果器，再调整边缘颜色和遮罩颜色，混合模式改为“相加”，最后调整偏移量“X”值和“Y”值来改变光照方向，如图 7-45 所示。

（4）给文字添加“发光”效果器，调整参数到自己满意的效果，并提高“采样”值，以减少像素感，如图 7-46 所示。

图 7-45

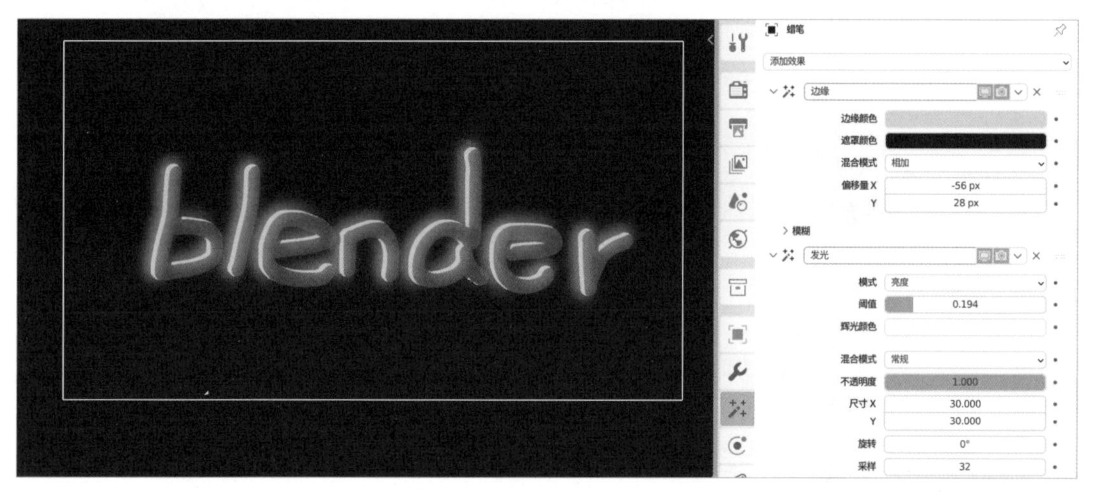

图 7-46

（5）写下任何你想写的文字，并完善效果器的参数直到你满意为止，如图 7-47 所示。

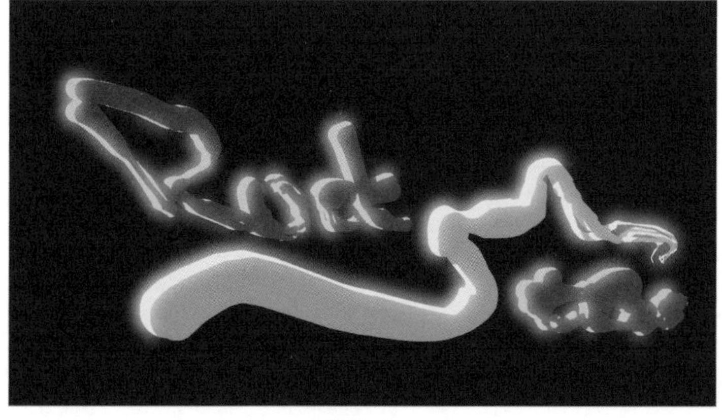

图 7-47

7.12 复制效果器 / 修改器

在物体模式下，选中一个或按住“Shift”键选中多个需要添加效果器 / 修改器的物体，最后选中拥有效果器 / 修改器的物体，按住快捷键“Ctrl + L”复制效果器 / 修改器，如图 7-48 所示。

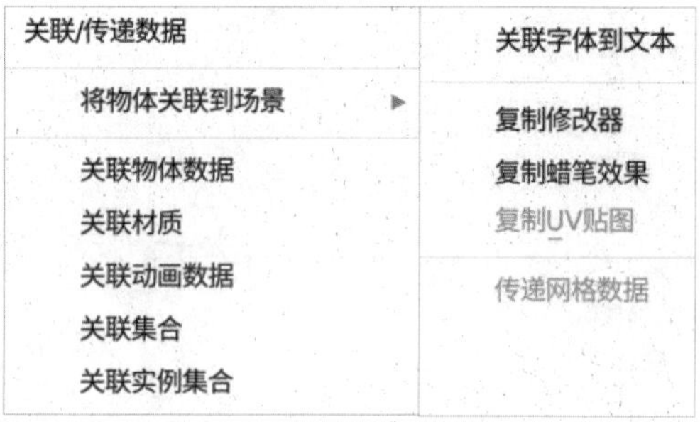

关联/传递数据
将物体关联到场景 ▶
关联物体数据
关联材质
关联动画数据
关联集合
关联实例集合
关联字体到文本
复制修改器
复制蜡笔效果
复制UV贴图
传递网格数据

图 7-48

修改器：高效制作动画效果

在本书的第 8 章中，你将学习在 Blender 中给蜡笔添加修改器。Blender 蜡笔修改器和 Blender 网格修改器类似，能对蜡笔进行程序化的修改，而且不用担心破坏原本的笔画结构，使用修改器的前后对比如图 8-1 所示。

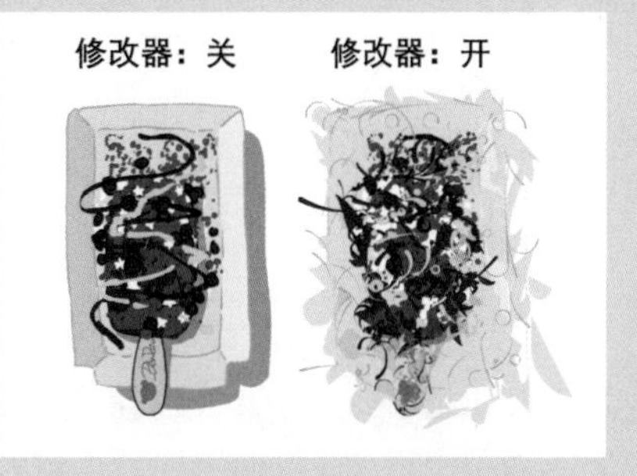

图 8-1

8.1 设置顶点组

为了让修改器精确的影响蜡笔中的某一部分，在“影响”选项中可以选择顶点组的方式来控制，设置“顶点组”前，你需要先创建顶点组。在蜡笔物体的编辑模式中，选中笔画的顶点，然后在属性面板执行“属性→顶点组→创建顶点组”命令。同一个蜡笔可以拥有多个不同的顶点组。相同的顶点也可以被指定到不同的顶点组，获得在不同的顶点组中不同的权重值，如图 8-2 所示。

使用顶点组的方式对修改器的“影响”进行控制，相较于选定图层、通道层和材质来说，是一种更加精确的设置方法。需要注意的是，不是所有修改器都支持顶点组，如图 8-3 所示。

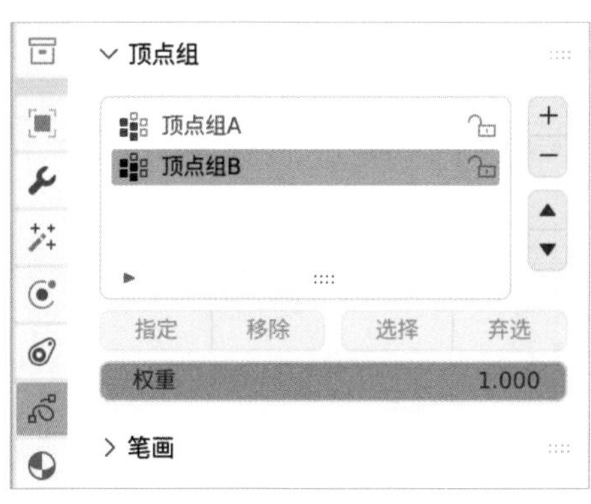

图 8-2

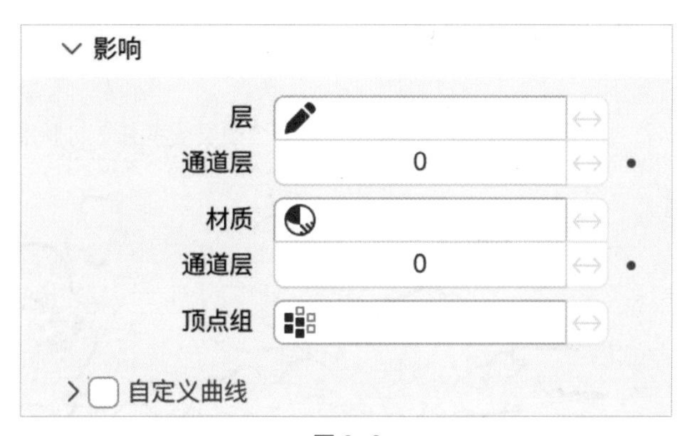

图 8-3

当“顶点组”设置完成后，在修改器中选择一个顶点组，就能使用这个顶点组的每个顶点的权重值对指定好的顶点进行控制，如图 8-4 和图 8-5 所示。

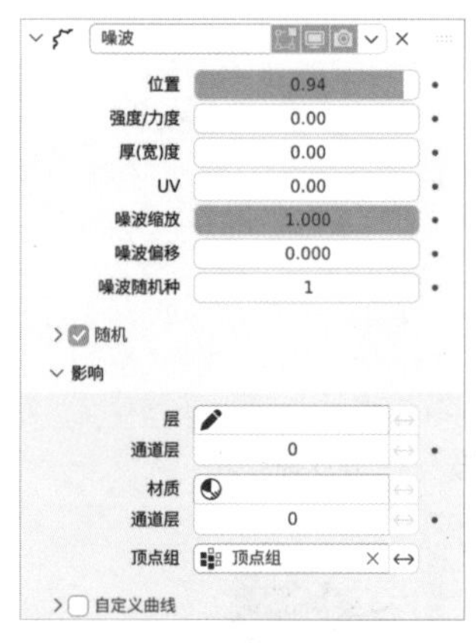

图 8-4

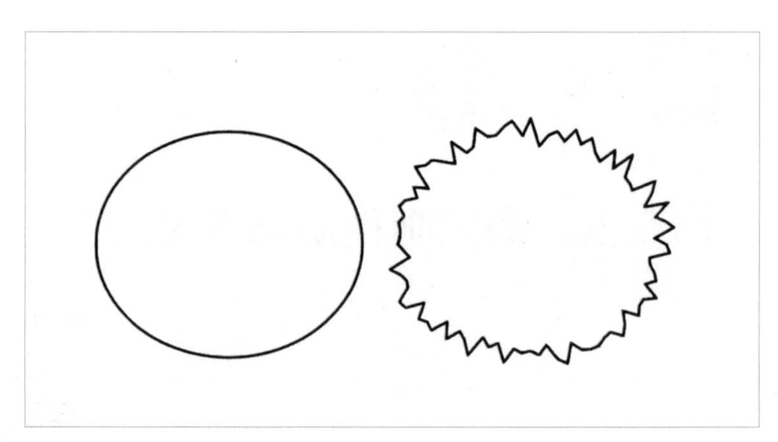

图 8-5

创建顶点组之后，可以指定和设置每个顶点的权重值，权重值越小，修改器产生的效果对这个顶点的影响就越小。

除在编辑模式中可以指定顶点组的权重外，还可以在权重绘制模式下绘制权重。权重颜色越红，权重值就越接近 1，权重颜色越蓝，权重值就越接近 0，如图 8-6 所示。

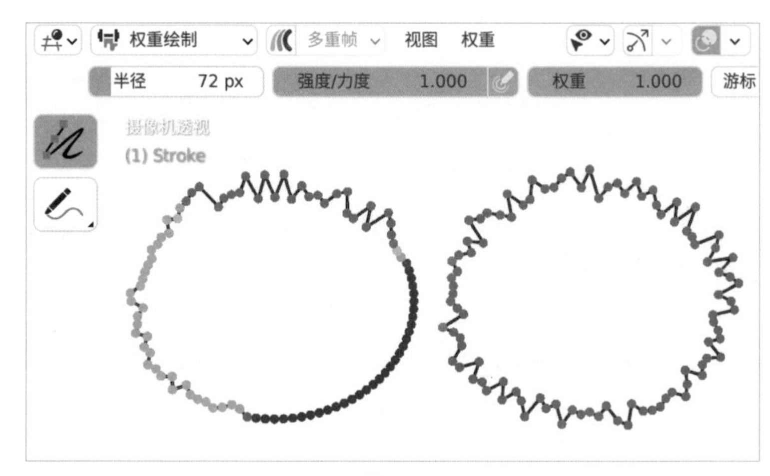

图 8-6

8.2 图层和材质

在“影响”选项中，可以使用某个图层或者某个材质限制修改器的生效范围，如图 8-7 到图 8-9 所示。

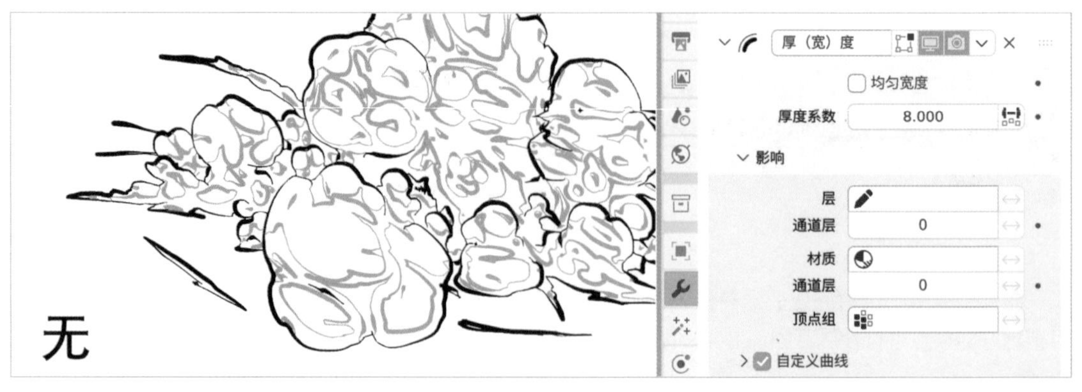

图 8-7

图 8-8

图 8-9

8.3 通道

除了图层、材质、顶点组之外，Blender 还提供了通道式的选择方法，你可以在属性面板选中需要更改的单个图层或者单个材质，再更改它的“通道编号”。你可以为每个不同的材质或图层都设置“通道编号”。在默认情况下它们的“通道编号”都是“0”，如图 8-10 所示。

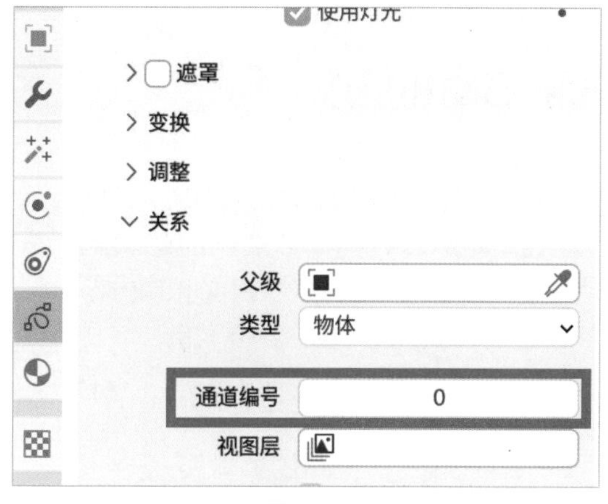

图 8-10

如图 8-11 所示，“噪波”修改器正在影响 A、B、C、D 四个图层。如果想要为 A、B 两个图层添加“噪波”修改器，则可以把 A、B 两个图层的“通道编号”设置为“0”以外的数值，例如，将“通道编号”设置为“1”，如图 8-12 所示。

图 8-11

图 8-12

把“噪波”修改器的“通道层”设置为“1”，通道就可以只对 A、B 这两个图层起作用了，如图 8-13 所示。

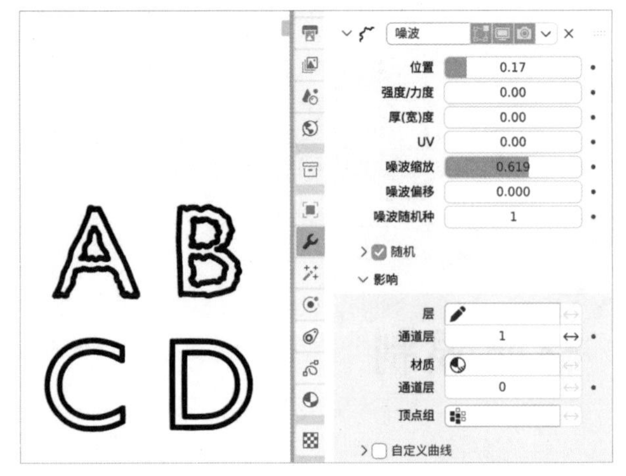

图 8-13

8.4 影响和反选

在每个限制功能的后方的双向箭头是反选功能，如图 8-14 所示。如果单击某项限制功能的反选按钮，则该选项选中的限制内容不起作用而其他未选中的内容起作用。

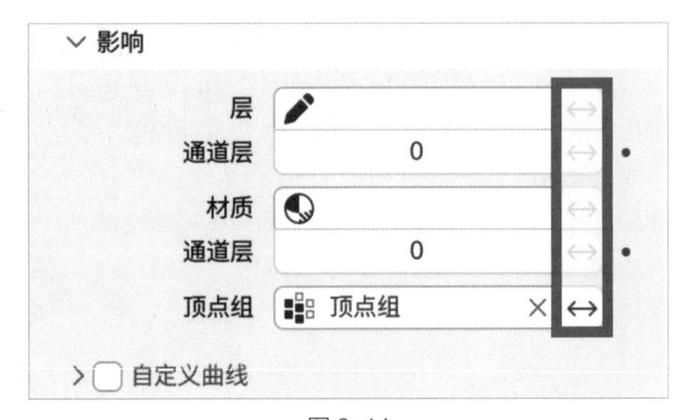

图 8-14

如图 8-15 所示，这里的“噪波”修改器只对图层 A 起作用。

图 8-15

单击反选按钮后，图层反选功能被激活，“噪波”修改器对除图层 A 外的所有图层起作用，如图 8-16 所示。

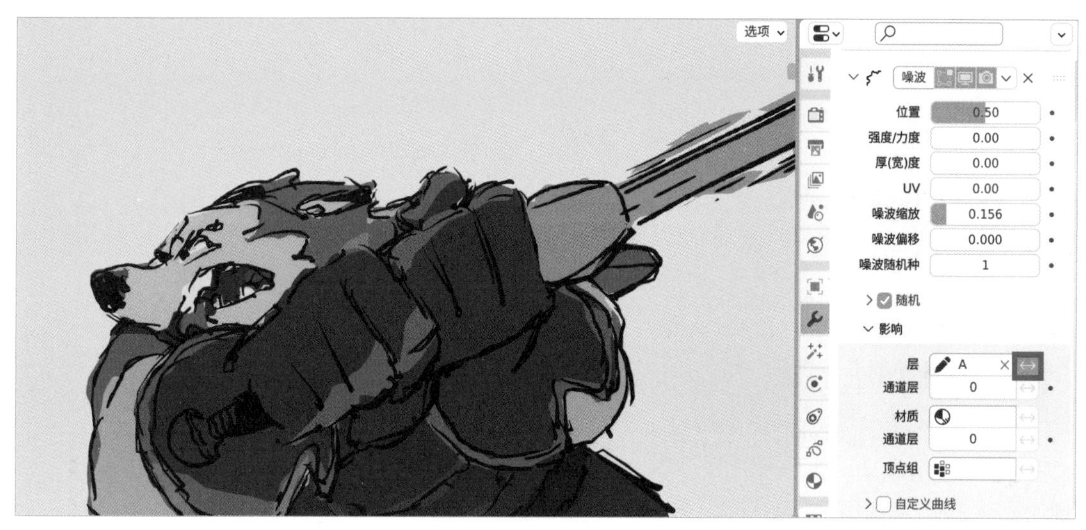

图 8-16

8.5 顺序

当添加多个修改器时，会从最先添加的修改器开始运算，再运算下一个修改器。相同的修改器使用不同的修改器排列顺序，会影响最终的效果，如图 8-17 和图 8-18 所示。

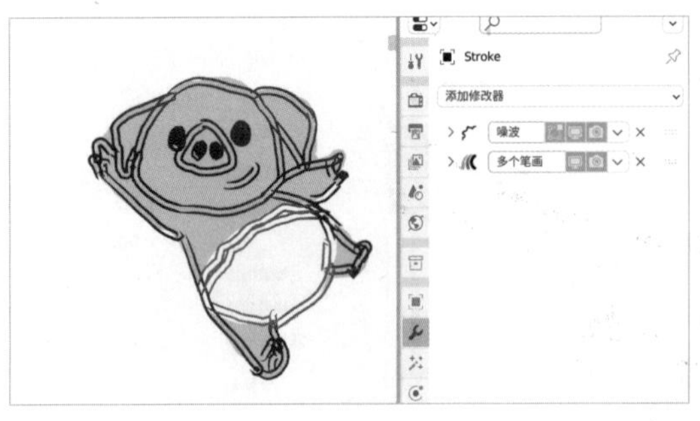

图 8-17

图 8-18

需要注意的是，Blender 蜡笔修改器分为“修改”“生成”“形变”“颜色”这四大类，如图 8-19 所示。其中修改类的修改器不受修改器的先后顺序影响，它的优先级总是第一。

图 8-19

8.6 修改类修改器

在 Blender 中，可以使用修改器修改蜡笔的数据。

8.6.1 “纹理映射”修改器

当使用一个带有纹理的笔刷时，可以使用“纹理映射”修改器对笔刷纹理的位置进行旋转、缩放，如图 8-20 和图 8-21 所示。

图 8-20

图 8-21

8.6.2 “时间偏移”修改器

“时间偏移”修改器能对蜡笔的动画帧进行控制，如图 8-22 所示。

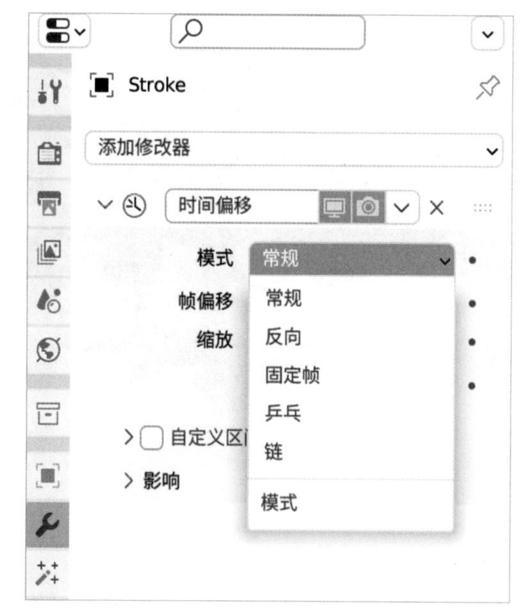

图 8-22

在“时间偏移”修改器的模式下有 5 个选项，它们各自代表了不同的动画播放处理方式，具体意义如下。

1. 常规：正向播放动画。

2. 反向：倒放动画。

3. 固定帧：将动画固定到指定的某一帧。

4. 乒乓：正向播放动画紧接着倒放动画，形成来回播放的效果。

5. 链：设置上面几个不同的模式进行组合播放，如图 8-23 和图 8-24 所示。

图 8-23

图 8-24

帧偏移：更改帧的位置，例如，可以将原本第 7 帧的位置提前到第 1 帧播放，或者将其延后到第 8 帧播放。在制作一些群集动画时，比如，当绘制了一只鸟的动画，为了得到一群鸟的效果，并且让每只鸟的动画出现时间上的差异性，可以给它们分别添加“时间偏移”修改器后，随机更改“帧偏移”值，如图 8-25 和图 8-26 所示。

图 8-25

图 8-26

缩放：将动画速度减慢，或者加快。

保持循环：动画结束后继续从头开始播放动画。

自定义区间：设置播放该动画的部分区间。比如，有 1 帧到 100 帧动画，可以通过该功能只播放 20 帧到 30 帧的内容。

8.6.3 “顶点角度权重”修改器

“顶点角度权重”是指选择一个顶点组，根据角度去改变顶点组权重。当有其他修改器使用“顶点角度权重”修改器所使用的顶点组时，该修改器的效果会受到“顶点角度权重”修改器的影响而改变效果，这里演示的是使用“顶点角度权重”修改器来修改“厚（宽）度”修改器的顶点组权重，如图 8-27 和图 8-28 所示。

图 8-27

图 8-28

8.6.4 “顶点权重邻近”修改器

“顶点权重邻近”是指选择一个顶点组，通过距离去影响顶点组权重。此时，需要选择一个物体来作为参考，然后调整数值可以更改参考物体对权重的影响衰减范围。

这里使用“顶点权重邻近”修改器来修改“偏移量”修改器的顶点组权重，“偏移量”修改器使用随机效果来制作苹果炸裂的效果，如图 8-29 和图 8-30 所示。

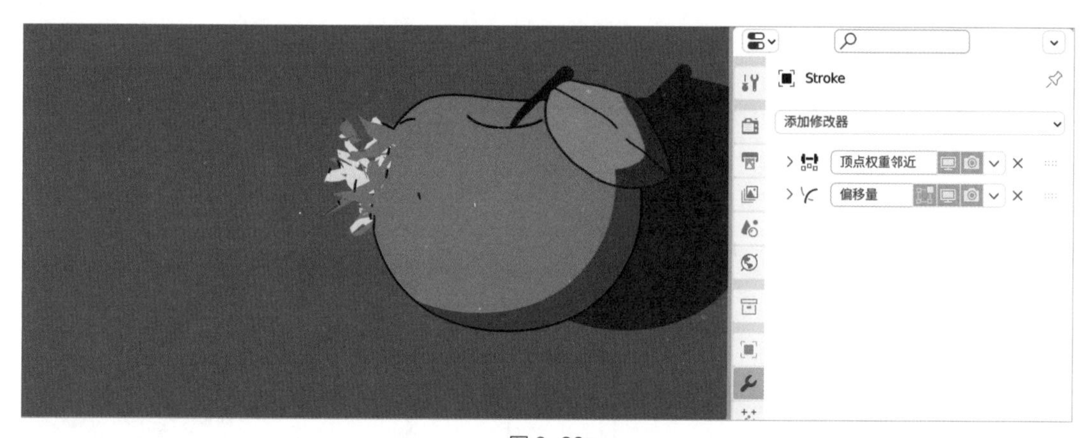

图 8-29

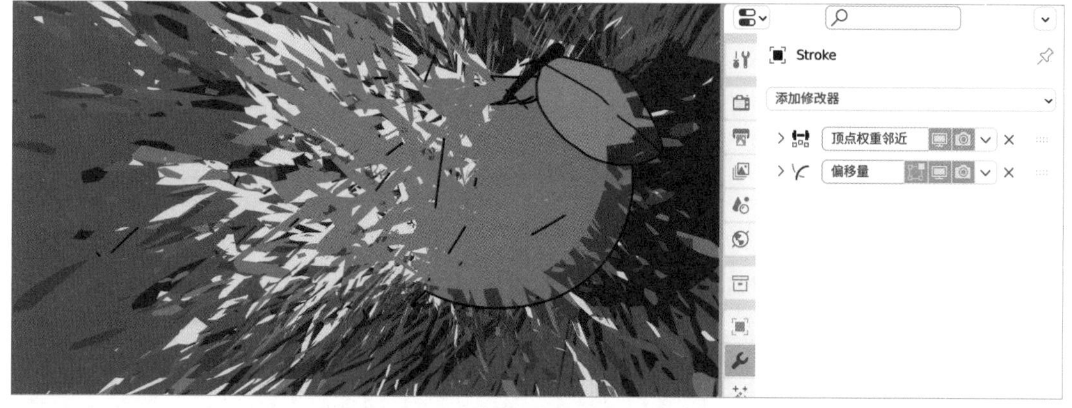

图 8-30

8.7 生成类修改器

生成类修改器可以在原有笔画的基础上更改其外形。

8.7.1 “阵列”修改器

“阵列”修改器可以生成相同的内容，通过更改“数量”来改变生成的数量，如图 8-31 所示。

“材质覆盖”可以选择一个材质进行替换，默认为“0”时使用原材质。

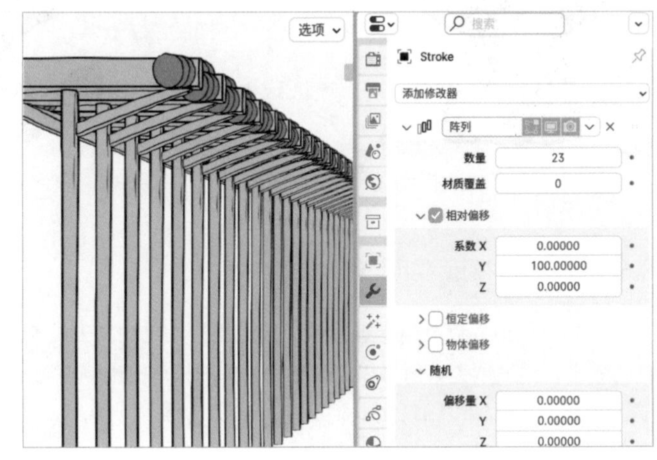

图 8-31

“阵列”修改器有以下 3 种不同的偏移计算方法。

1. 相对偏移：根据物体本身的大小决定偏移距离，如图 8-32 所示。

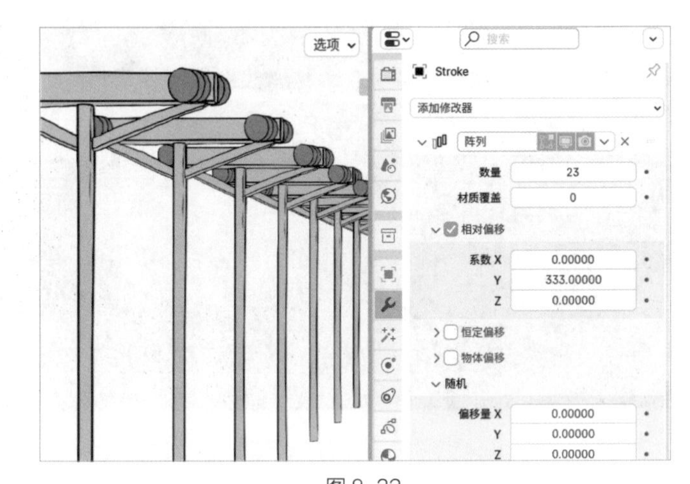

图 8-32

2. 恒定偏移：根据世界环境的距离进行偏移。

3. 物体偏移：需要选择一个其他物体作为参考物进行偏移。

随机：打乱生成的物体的偏移量、旋转、缩放，如图 8-33 所示。

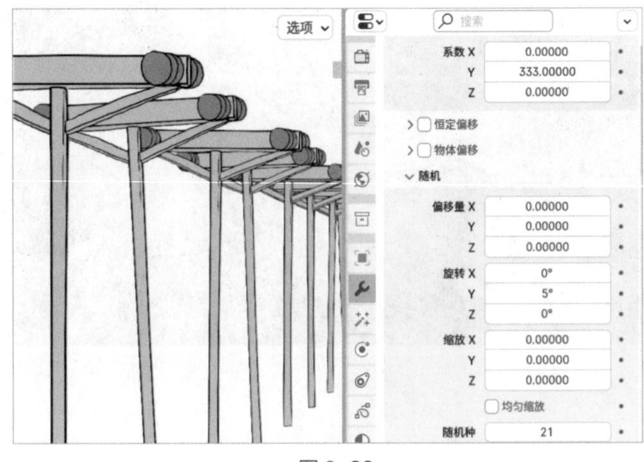

图 8-33

8.7.2 “建形”修改器

“建形”修改器可以将单帧的蜡笔线条随着设定好的时间实现绘制或擦除的动画效果。

在添加“建形”修改器后，画面的笔画因为默认设置会看不见，按“Space”键进行播放观察该修改器的作用。通过调整“模式”和“过渡”来达到需要的效果，如图 8-34 到图 8-36 所示。

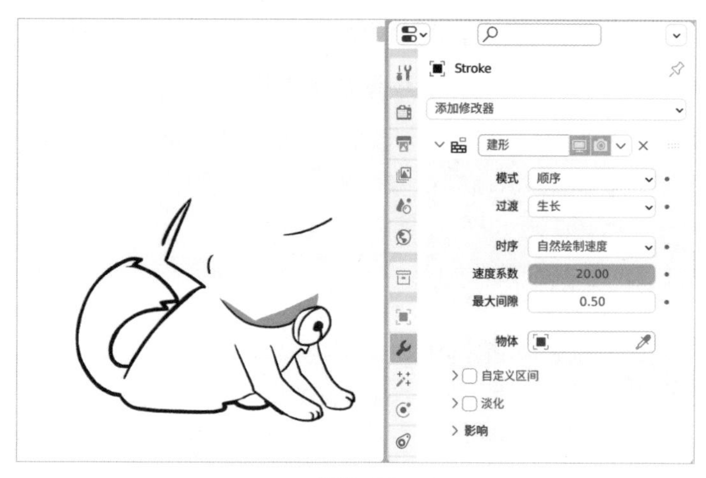

图 8-34

“模式”选项有以下 3 种用来决定笔画建形的方式。

1. 顺序：按照绘制顺序生成。

2. 同时：所有笔画同时生成。

3. 添加：仅构建与上一个关键帧相比更新的描边。在绘制动画时，在绘制模式中开启使用“附加绘图”功能时，可以使上下两帧的笔画相同时只新增笔画，防止“建形”修改器的添加模式重复生成相同的笔画。

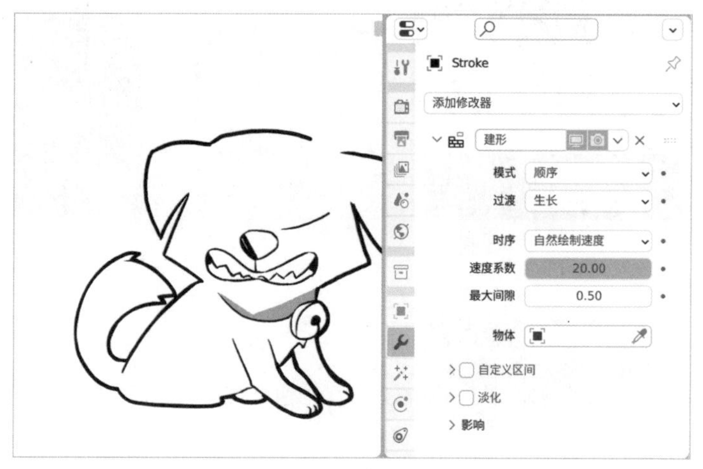

图 8-35

“过渡”选项有以下 3 种用来决定笔画出现或者消失的方式。

1. 生长：按照模式设置从无慢慢增长直至完成。

2. 收缩：按照模式设置从完成慢慢收缩至无。

3. 消失：按照模式设置从完成至褪色消失，但是顺序是从最后一笔开始。

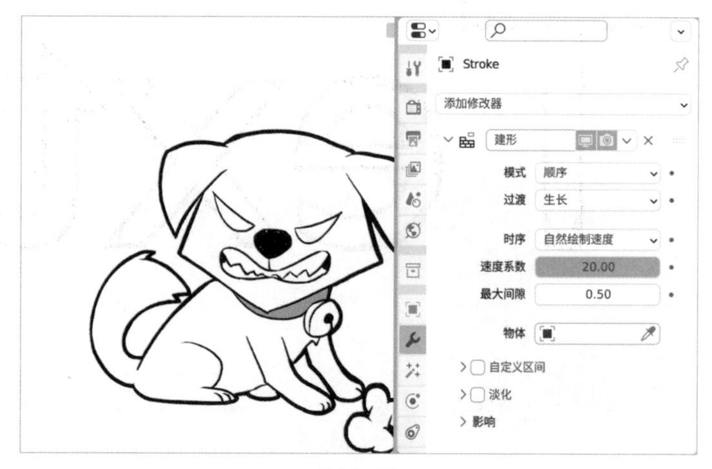

图 8-36

“时序”选项有以下 3 种方式用来决定建形动画的时间长短以及节奏。

1. 自然绘制速度：根据记录的手绘数据来模拟真实的手绘速度。

2. 帧数：帧的值决定整个动画的时长，延迟决定动画中的元素在多少帧开始产生效果。

3. 百分比系数：通过调整系数来控制整个动画的长度位置。

自定义区间：设置动画可以存在的区间，区间之外的范围将不会有动画效果。

淡化：让笔画淡化、消失。

8.7.3 “点划线”修改器

“点划线”修改器可以使线条转换为连续的点和线。可以设置多次进行效果叠加，也可以设置“虚线”“间隙”“半径”来更改虚线的效果，设置“材质编号”来更换当前蜡笔物体所拥有的其他材质，如图 8-37 和图 8-38 所示。

图 8-37

图 8-38

8.7.4 “封套”修改器

“封套”修改器会添加线条把图形包裹起来，有点蜘蛛网的感觉，如图 8-39 所示。

图 8-39

通过更改“伸展长度”，可以使“封套”修改器生成的笔画向原本的笔画外进一步扩张，如图 8-40 所示。

通过不断堆叠修改器，“封套”修改器可以做出类似草稿的笔画感，如图 8-41 所示。

图 8-40

图 8-41

8.7.5 “长度”修改器

“长度”修改器允许你调整笔画的起始和结尾的长度。使用曲率，可以使线条弯曲，如图 8-42 到图 8-44 所示。

图 8-42

图 8-43

图 8-44

8.7.6　“线条画”修改器

“线条画”修改器可以使3D模型生成蜡笔线稿效果。你可以定义笔画如何生成，可以修改它的材质、线条宽度、不透明度等，如图8-45和图8-46所示。

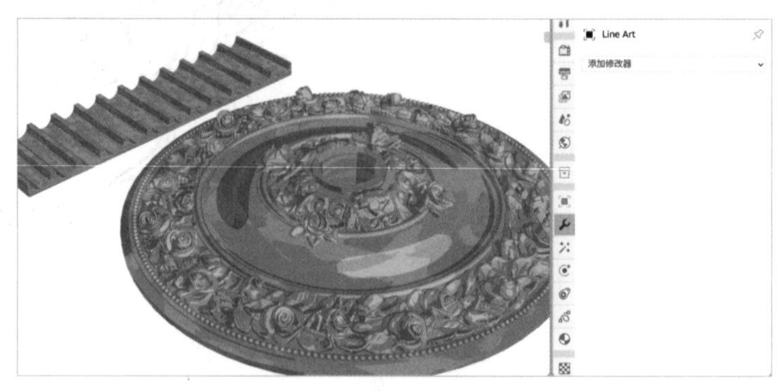

图 8-45

图 8-46

你可以给不同的物体添加“线条画”修改器并和其他修改器进行对线稿的形状进行调整，如图 8-47 和图 8-48 所示。

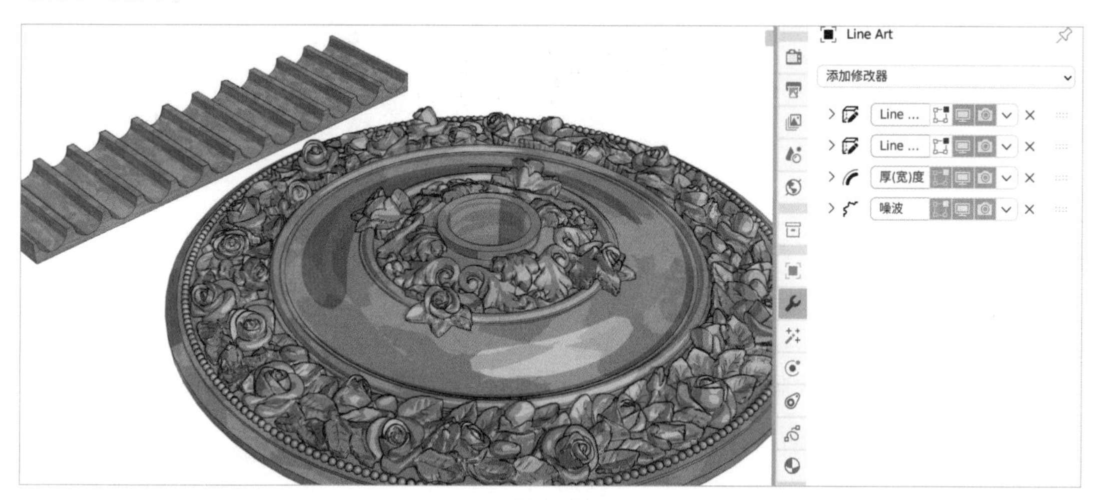

图 8-47

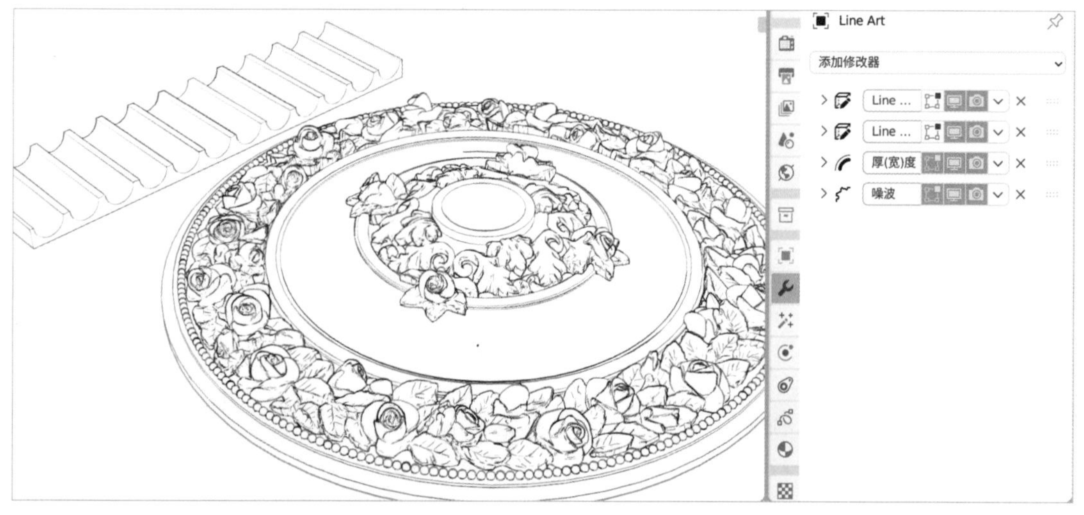

图 8-48

同时还可以使用“灯光轮廓”和“投射阴影”生成阴影区域的笔画，如图 8-49 所示。

“线条画”修改器还有很多详细的参数可以调整，可根据需要调整具体效果。需要注意的是，线稿的生成是基于摄像机视角的，所以需要在摄像机视角才能看到最终的线稿效果，如图 8-50 所示。

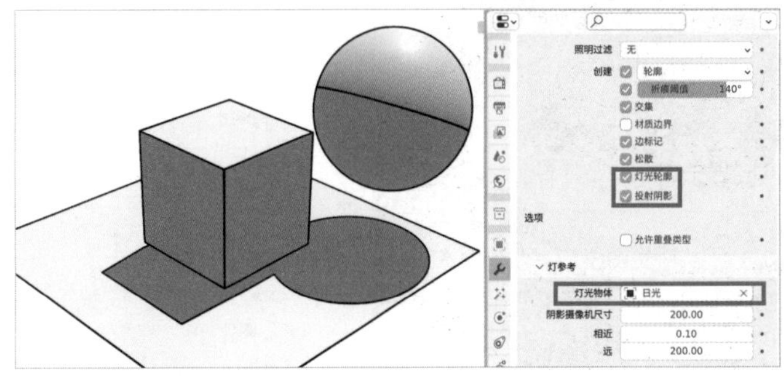

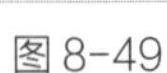

图 8-49

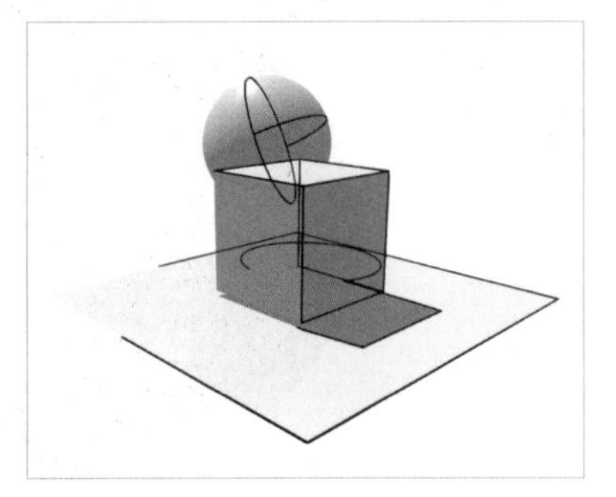

图 8-50

8.7.7 “镜像”修改器

“镜像”修改器可以将蜡笔在指定轴向上进行镜像生成，如图 8-51 所示。

物体：在默认情况下镜像中心由原点位置决定，可以通过设置一个物体让此物体来决定当前的镜像中心。

图 8-51

8.7.8 “多个笔画”修改器

“多个笔画”修改器可以让笔画产生重影、重叠之类的效果，如图 8-52 所示。

副本：调整修改器产生的笔画数量。

距离：调整产生的笔画离原笔画的距离。

偏移量：使笔画的位置偏移。

淡化：更改、调整淡化中心，更改厚（宽）度和不透明度。

“多个画笔”修改器搭配“噪波”修改器可以生成更生动的效果，如图 8-53 所示。

图 8-52

图 8-53

8.7.9 “轮廓”修改器

“轮廓”修改器可以将蜡笔的笔画转换成轮廓，如图 8-54 所示。

图 8-54

8.7.10 “简化”修改器

“简化”修改器可以减少笔画的顶点数量，还可以选择不同的模式进行简化，如图 8-55 和图 8-56 所示。

图 8-55

图 8-56

8.7.11 “细分”修改器

“细分”修改器可以增加笔画的顶点数量（灰色部分），如图 8-57 所示。

当模式为“Catmull-Clark（克拉克）”时，会给笔画添加平滑效果，如图 8-58 所示。

当模式为“简单型”时，不会改变笔画形状，如图 8-59 所示。

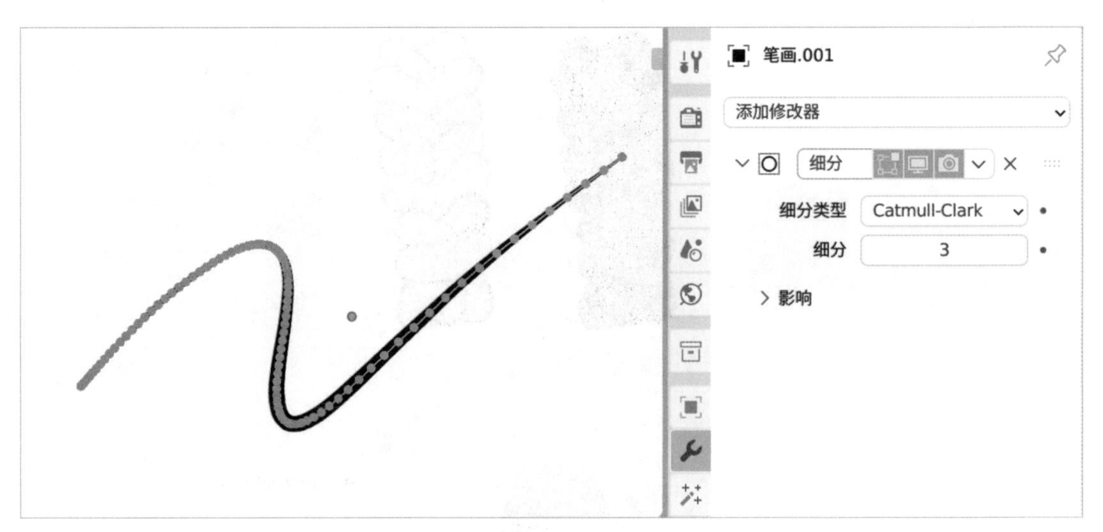

图 8-57

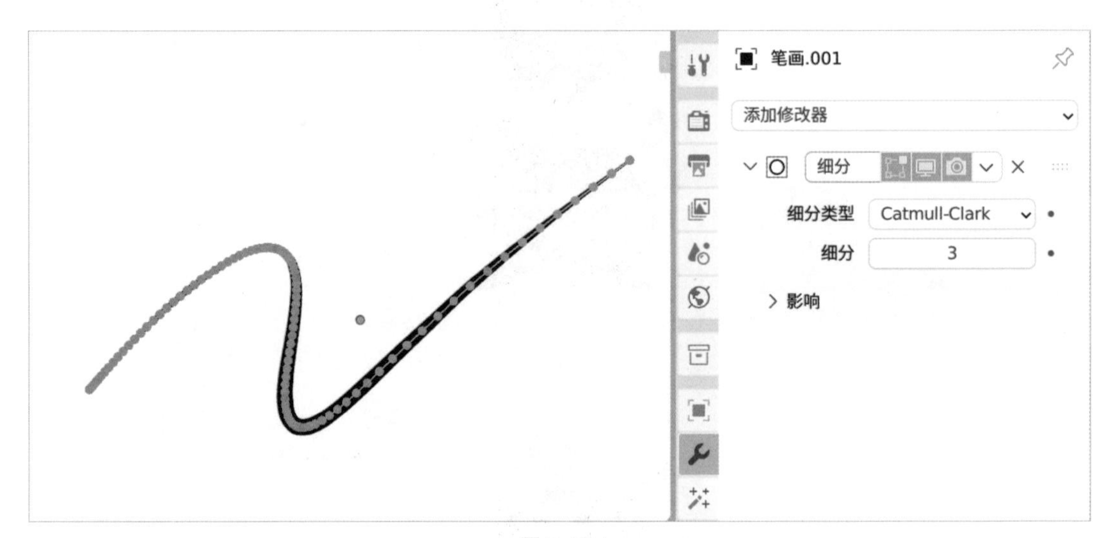

图 8-58

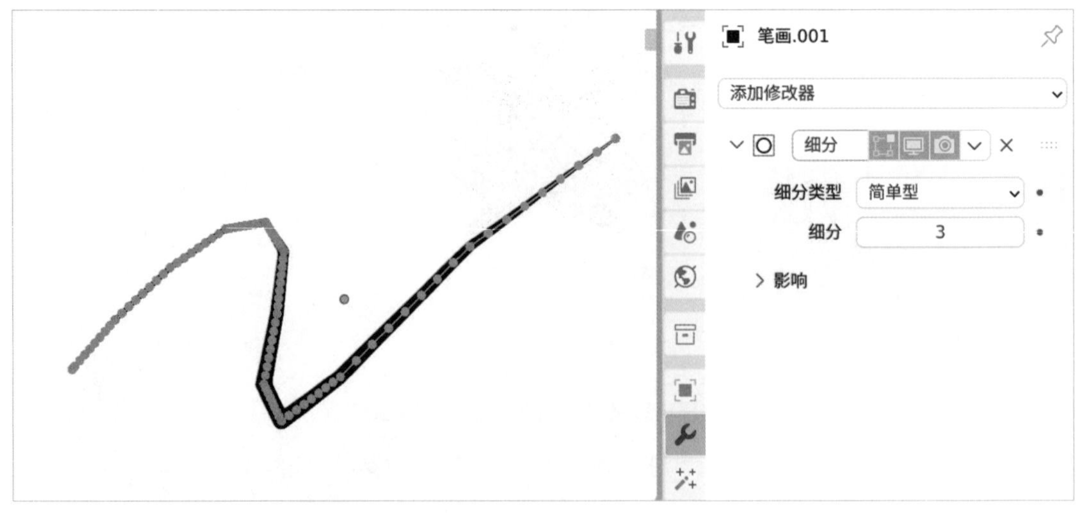

图 8-59

8.8 形变类修改器

形变类修改器可以对蜡笔进行形状上的控制或者变形拉伸，或者对蜡笔的笔画粗细、不透明度等进行形变。

8.8.1 “骨架”修改器

“骨架”（又称为“骨骼”或“Armature”）修改器可以选择一个骨架来控制蜡笔的笔画。当你拥有极其完善的整套骨架设置时，只需在动画的起始帧设置骨架的初始位置和姿态，并通过关键帧动画技术调整骨架的运动，就可以得到良好的动画效果，如图 8-60 和图 8-61 所示。

图 8-60

骨骼系统是一套复杂且功能强大的系统，它并不属于逐帧动画领域的知识。骨骼动画虽然没有逐帧动画在姿势上那么灵活，但是一旦骨骼被正确绑定到模型上，动画师就可以通过调整骨骼的运动来快速生成流畅的动画，而无需逐帧绘制每一帧。当然，骨骼动画也可以和逐帧动画混合使用。

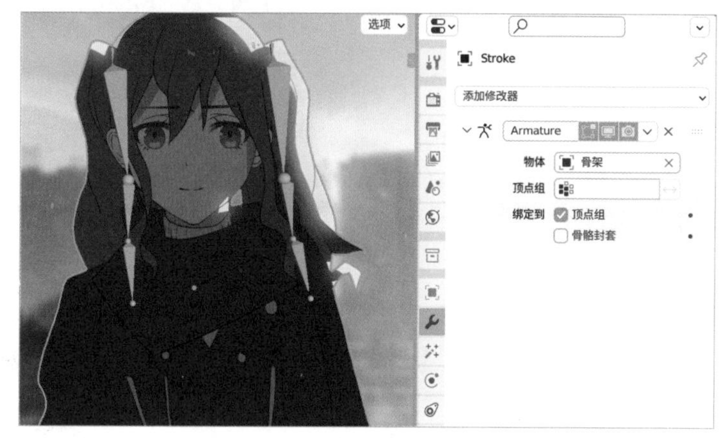

图 8-61

8.8.2 “钩挂”修改器

“钩挂”修改器类似于“骨架”修改器，你可以选择一个物体来作为控制物体，在移动控制物体时，会带动笔画随之移动，如图 8-62 和图 8-63 所示。

在“衰减”选项中，可以调整选中物体的衰减“类型”和“半径”，如图 8-64 所示。

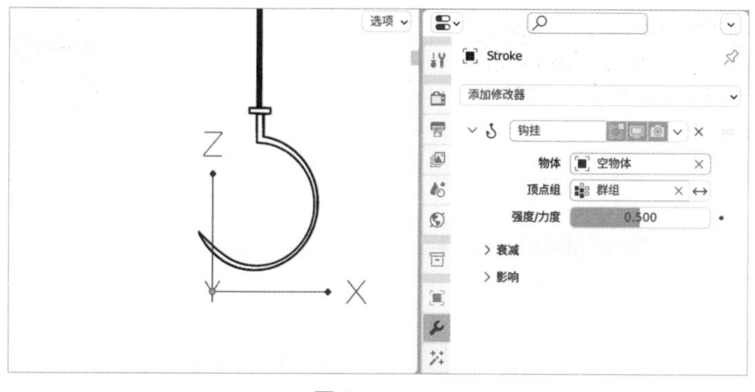

图 8-62

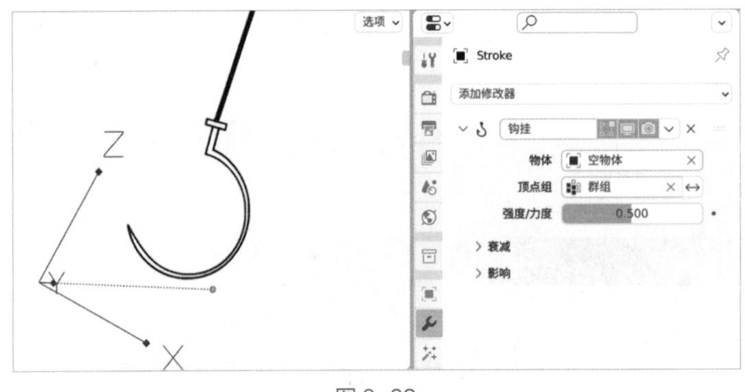

图 8-63

图 8-64

8.8.3 “晶格”修改器

“晶格”修改器可以让你选择一个晶格来控制蜡笔的笔画，如图 8-65 所示。

给蜡笔添加“晶格”修改器，需要在物体模式下新建一个晶格，如图 8-66 所示。

将创建的晶格缩放到能包裹住整个蜡笔的大小，如图 8-67 所示。

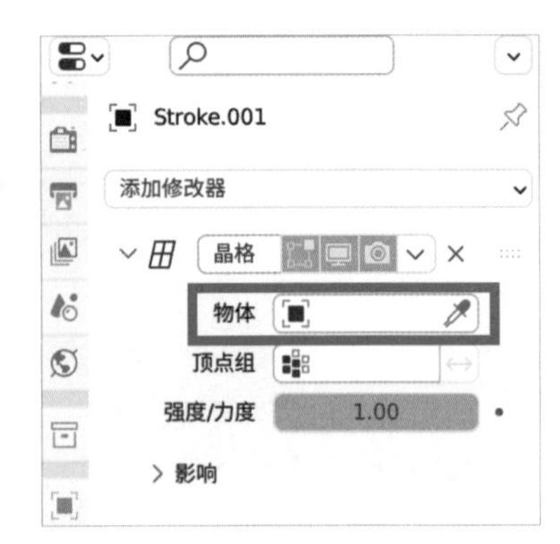

图 8-65

图 8-66

图 8-67

在蜡笔的“晶格”修改器的“物体”栏中选择“晶格”，如图 8-68 所示。

当进入晶格编辑模式，改变晶格的顶点位置后就会影响蜡笔，让蜡笔产生形变，如图 8-69 所示。

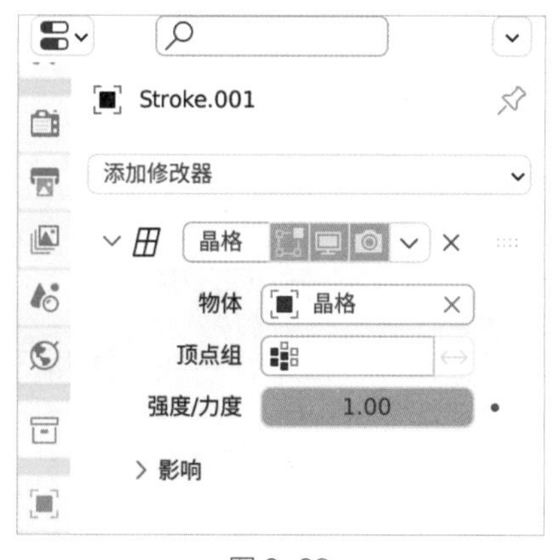

图 8-68

图 8-69

你可以在属性面板的物体数据属性（“晶格”图标按钮）内更改分辨率“U”“V”“W”的值来增加或者减少顶点数量，当控制物体需要更细微的调整时，按照需求增加分辨率“U”“V”“W”的值可以更好地控制晶格形变，如图 8-70 和图 8-71 所示。

图 8-70

图 8-71

在“分辨率”下方的“插值”选项中可以切换 4 种不同的模式，分别是线性、原始、凯特莫·若门、插值样条。切换不同的模式可以改变晶格对变形蜡笔的衰减效果，插值样条和线性两种模式是比较常用的，图 8-72 展示了在 4 种模式下晶格对线条变形所产生的衰减变化。

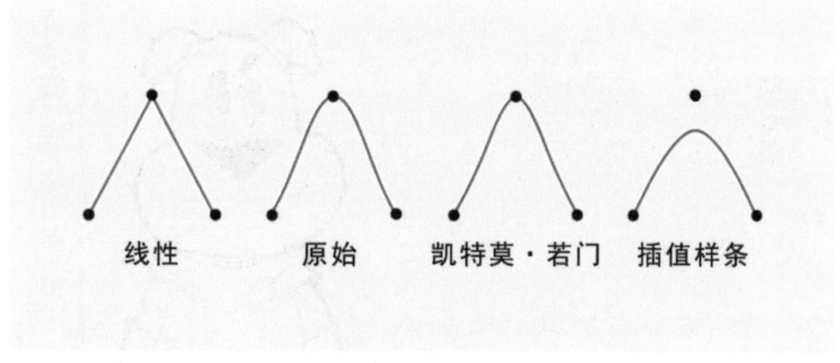

图 8-72

晶格物体本身可以添加很多修改器，这些修改器在影响晶格的同时，也会影响蜡笔。

你可以为晶格物体添加“骨架”修改器，以控制蜡笔变形；也可以为晶格添加“波浪”修改器，模拟风的摇晃效果，或者是模拟鱼群游动的效果，如图 8-73 所示。

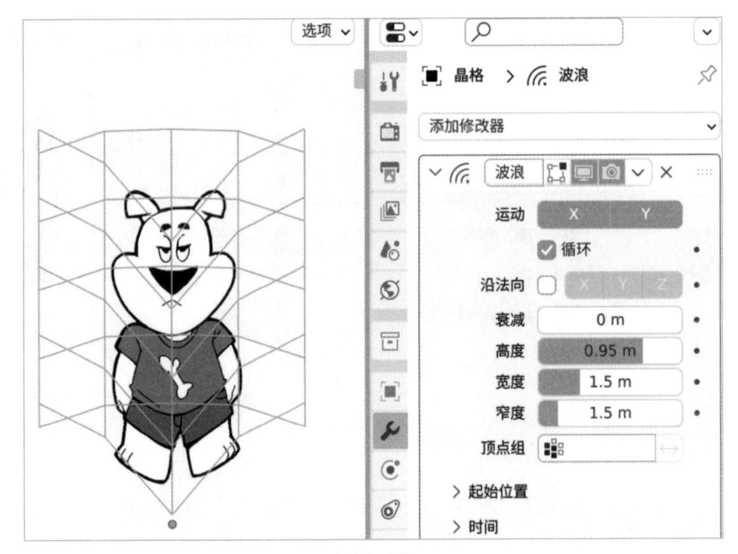

图 8-73

8.8.4 “噪波”修改器

“噪波”修改器可以给线条添加位置、强度 / 力度、厚（宽）度等随机变形的效果，如图 8-74 和图 8-75 所示。

图 8-74

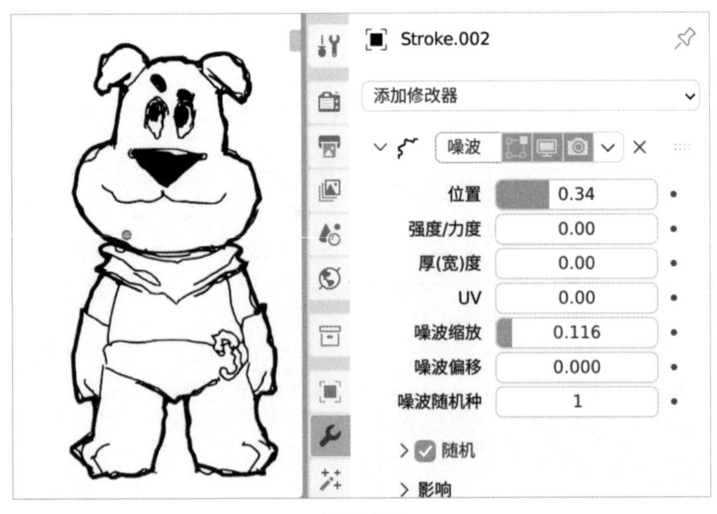

图 8-75

图 8-76 展示了“噪波”修改器里的位置缩放、强度缩放、厚度缩放 3 种参数对笔画所产生的影响。

在激活“随机”选项后，按“Space”键进行动画播放，可以看到蜡笔产生抖动的效果。“噪波”修改器的步值越低，抖动的速度越快。在较为传统的二维动画制作中，为了让画面显得不那么单调，通常会使用同描（在同一个草稿上勾多次线稿，因为差异会带来细微的抖动）的方法来制作抖动的效果，而在 Blender 中可以只使用“噪波”修改器作用于一个单帧来得到这个效果，如图 8-77 所示。

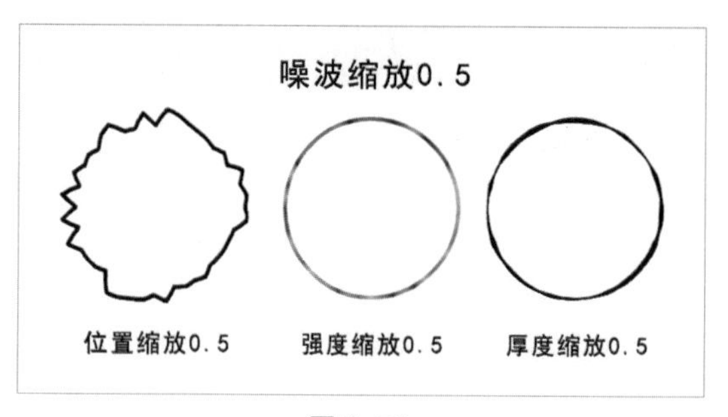

图 8-76

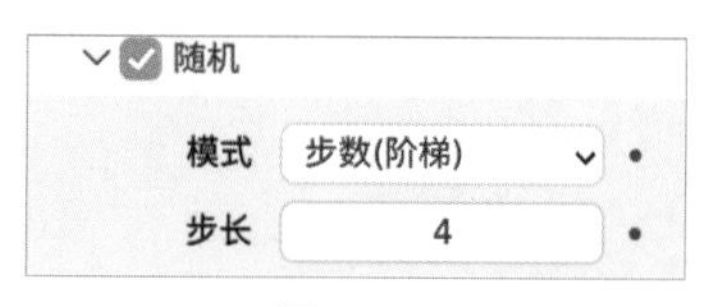

图 8-77

8.8.5 “偏移量”修改器

“偏移量”修改器可以用来对蜡笔进行位置移动、旋转、缩放等操作，如图 8-78 和图 8-79 所示。

图 8-78

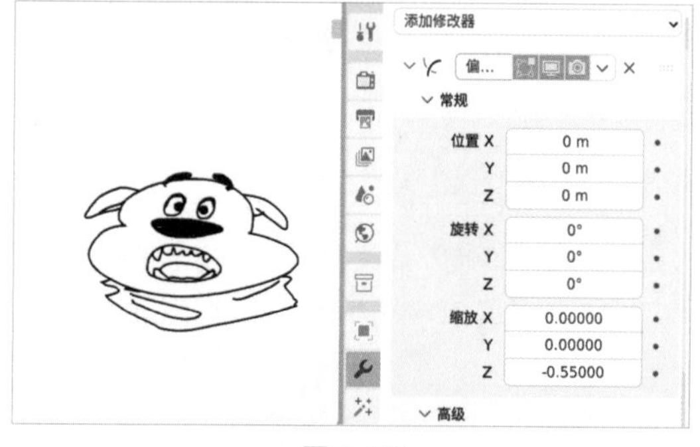

图 8-79

随机：随机改变线条的偏移量、旋转以及缩放，如图 8-80 所示。

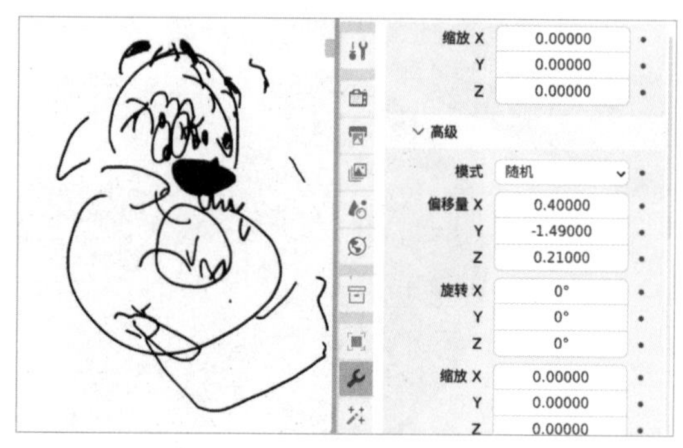

图 8-80

8.8.6 “平滑”修改器

“平滑”修改器可以让线条变得更加顺滑。当线条不太理想时，可以使用“平滑”修改器来进行修复，这种修复不会破坏线条本身。

勾选“保持形态”，线条会更接近于原本的线条的初始大小和形状，如图 8-81 到图 8-83 所示。

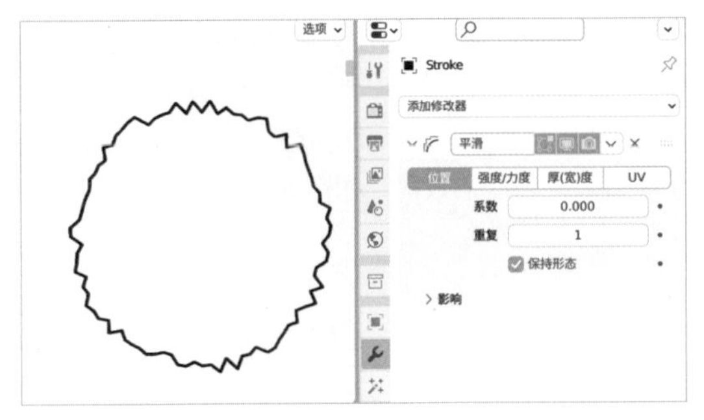

图 8-81

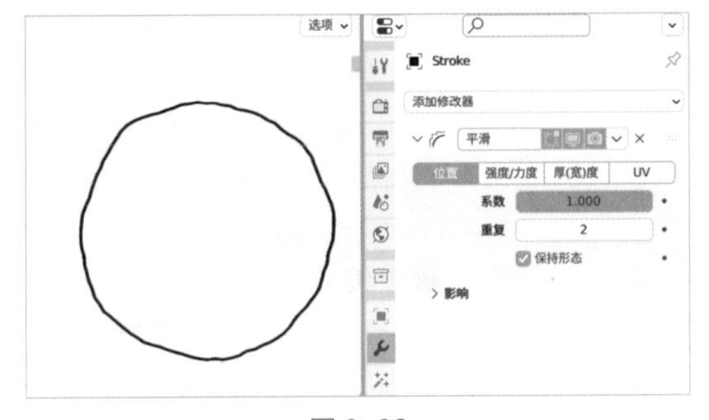

图 8-82

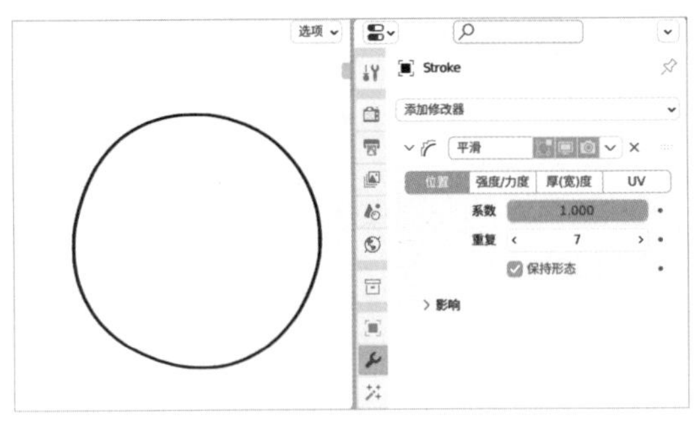

图 8-83

8.8.7 “厚（宽）度”修改器

“厚（宽）度”修改器用于调整笔画的粗细。使用曲线控制能得到更好的效果，如搭配“线条画”修改器，可以用 3D 模型渲染出一个不错的线稿效果，如图 8-84 所示。

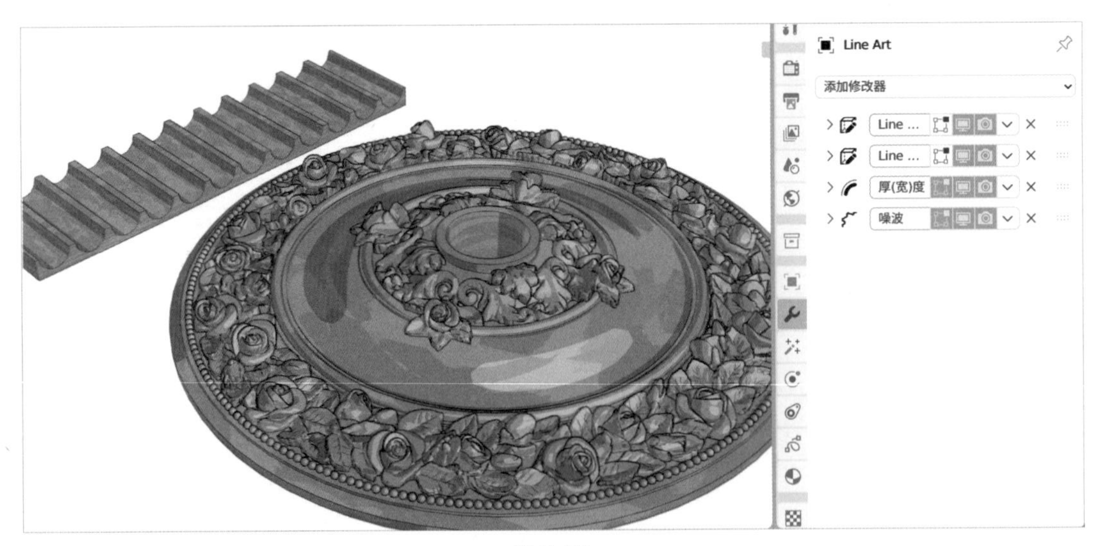

图 8-84

调整“厚度系数”改变线稿粗细，如图 8-85 和图 8-86 所示。

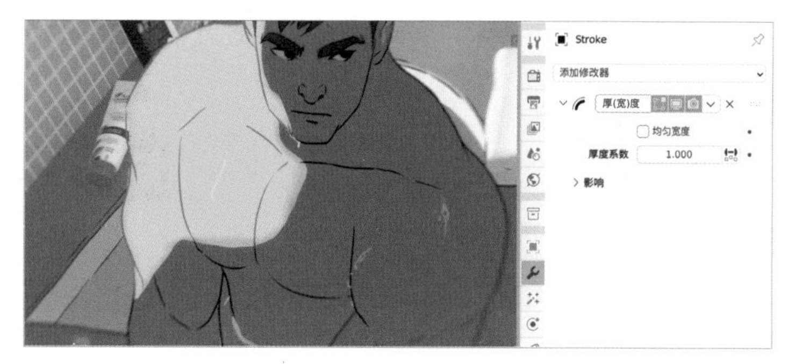

图 8-85

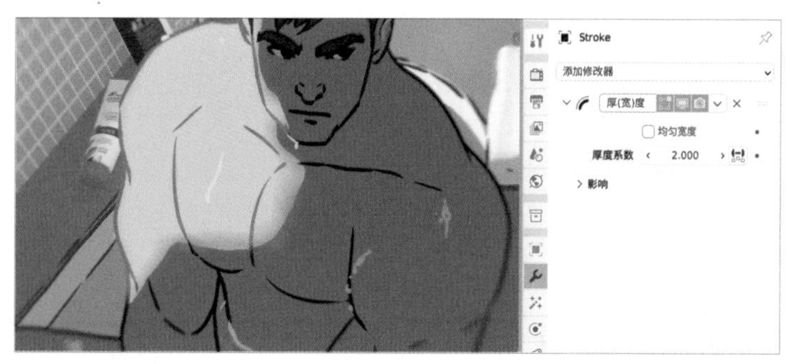

图 8-86

勾选“均匀宽度”选项会让线条失去粗细变化，保持同样的宽度，如图 8-87 所示。

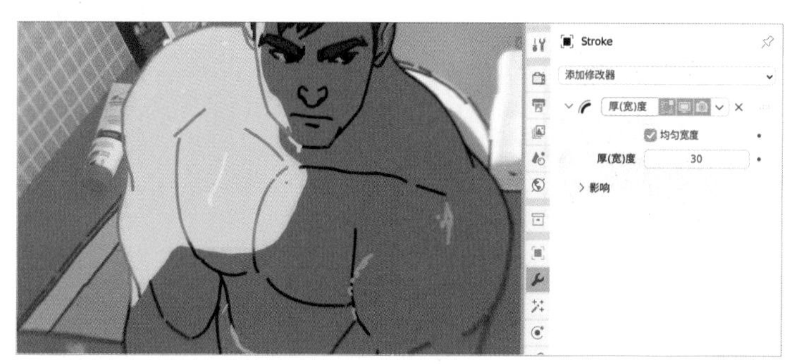

图 8-87

勾选并调整“自定义曲线”，可以让线条呈现自定义的粗细变化，如图 8-88 所示。

图 8-88

曲线理解起来并不复杂，曲线的左右两端代表线条两端，上下则控制线条的粗细，曲线变化展示图如图 8-89 所示。

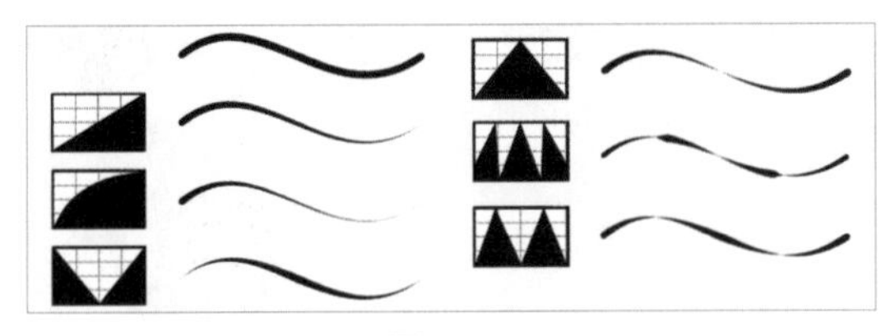

图 8-89

8.9 颜色类修改器

颜色类修改器可以为蜡笔添加程序化的颜色，以便后期为蜡笔添加颜色创意。

8.9.1 “色相 / 饱和度”修改器

“色相 / 饱和度”修改器可以调整色相、饱和度、值（明度），如图 8-90 和图 8-91 所示。

图 8-90

图 8-91

8.9.2 “不透明度”修改器

“不透明度”修改器可以把蜡笔透明化，可以选择不同的透明模式来更改效果。“不透明度”修改器是针对每个线条生成的，所以可以看到线条的重叠部分。如果需要整体透明，可以使用“上色”效果器里的透明模式使其透明，如图 8-92 和图 8-93 所示。

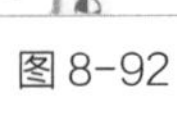
图 8-92

图 8-93

8.9.3 “染色”修改器

“染色”修改器可以选择不同的模式来针对笔画或者填充进行染色。通过更改“强度 / 力度”来更改“染色”修改器的染色强度。

染色类型主要有以下 2 种。

均衡：选择一个单色进行染色，如图 8-94 所示。

梯度渐变：选择两个颜色染上渐变色，这种染色方式需要选择一个物体作为参考，如图 8-95 所示。

图 8-94

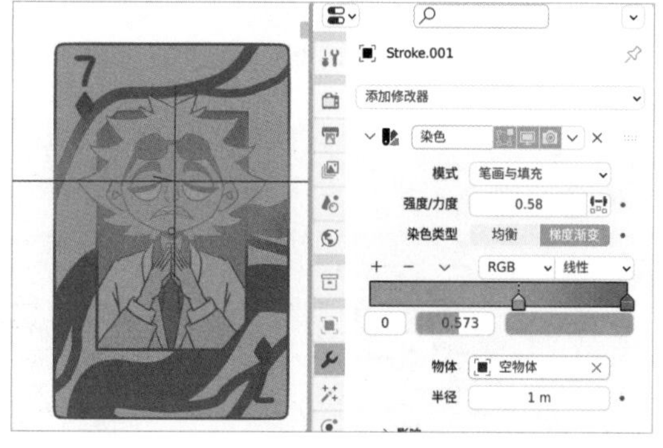

图 8-95

8.10 练习：绘制鱼群动画

在这个练习中，会用到“细分”“晶格”这两种修改器。具体制作方式如下。

（1）在第一个蜡笔中，绘制第一条鱼，如图 8-96 所示。

（2）在第二个蜡笔中，绘制第二条鱼，注意第二条鱼相较于第一条鱼的样子要有些许变化，如图 8-97 所示。

图 8-96

图 8-97

（3）重复前两步的操作，在不同的蜡笔中绘制不同的鱼来增加鱼的多样性，如图 8-98 所示。

（4）分别给这些蜡笔都添加一个“晶格”修改器，如图 8-99 所示。

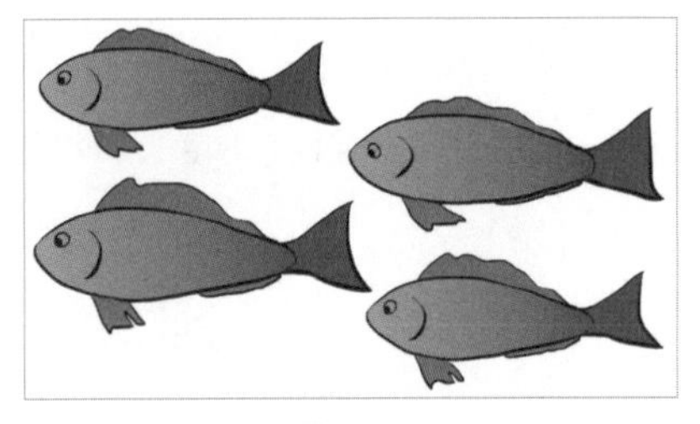

图 8-98

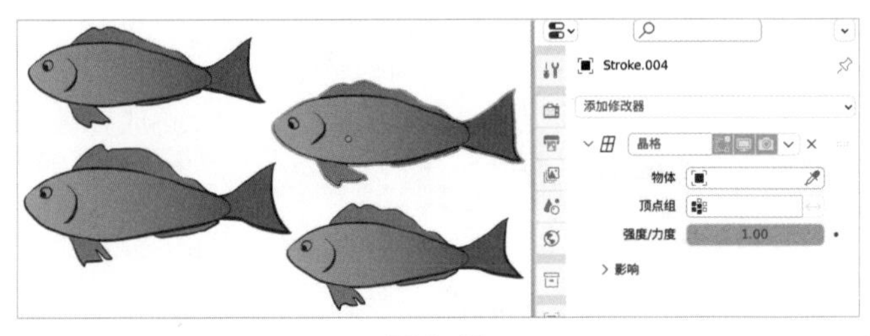

图 8-99

（5）在物体模式下，添加一个晶格物体，并调整晶格的大小，如图 8-100 所示。

（6）在属性面板中调整晶格物体的分辨率，如图 8-101 所示。

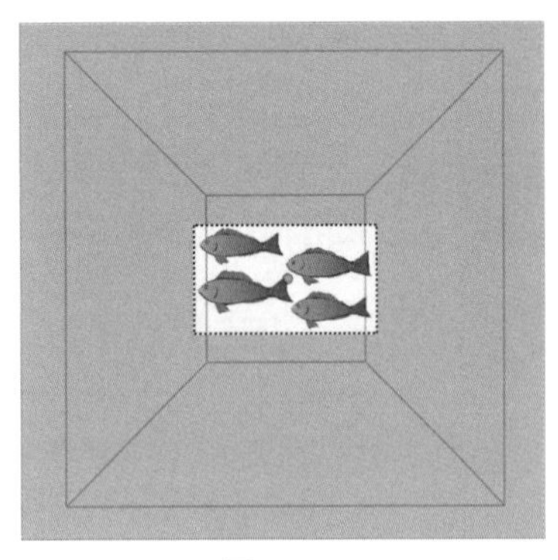

图 8-100

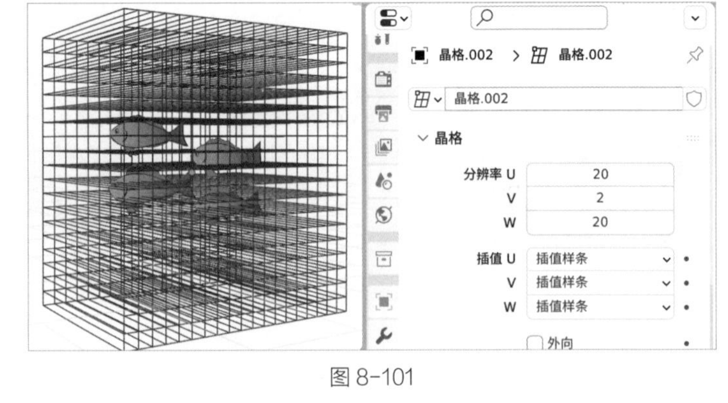

图 8-101

（7）进入晶格的编辑模式，调整顶点的位置，使其呈现波浪形。需要注意的是，调整形状时不需要太有规律，可以随意一点，如图 8-102 所示。

（8）将每一个蜡笔物体的“晶格”修改器的参照物体设为上一步中创建的晶格，蜡笔在晶格中移动时就会受到晶格的影响，从而发生形变，如图 8-103 所示。

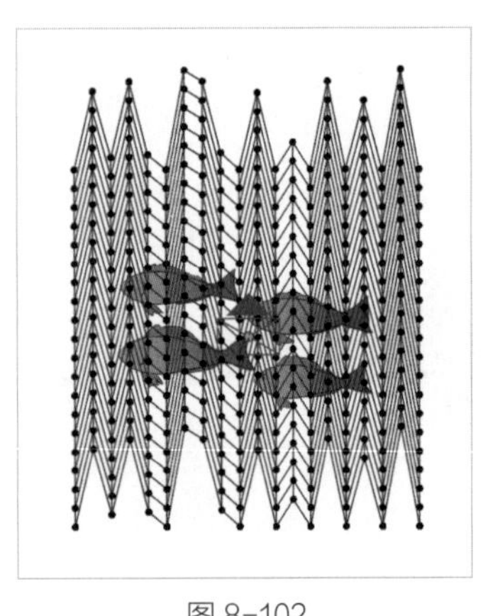

图 8-102

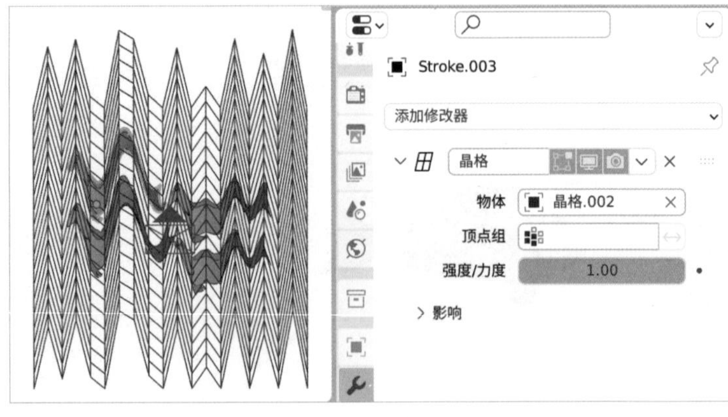

图 8-103

（9）根据形变调整晶格到合适的大小，如图 8-104 所示。

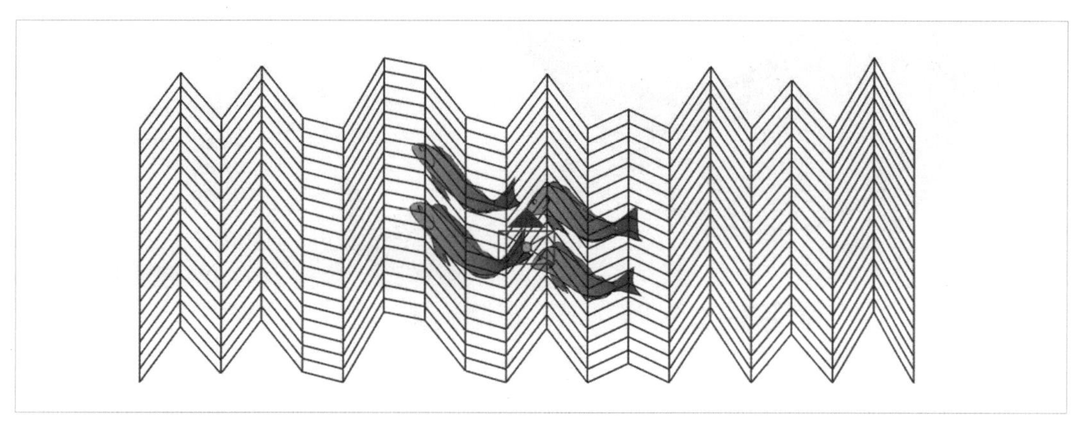

图 8-104

（10）增加鱼的数量。使用快捷键“Alt + D”进行关联复制，复制到合适的数量即可。为蜡笔添加“阵列”修改器并使用随机功能，让鱼的位置和缩放都得到随机的效果。需要注意的是，“阵列”修改器的位置需要调整到“晶格”修改器之上，这样每条鱼才会有对应且正确的扭曲效果，如图 8-105 和图 8-106 所示。

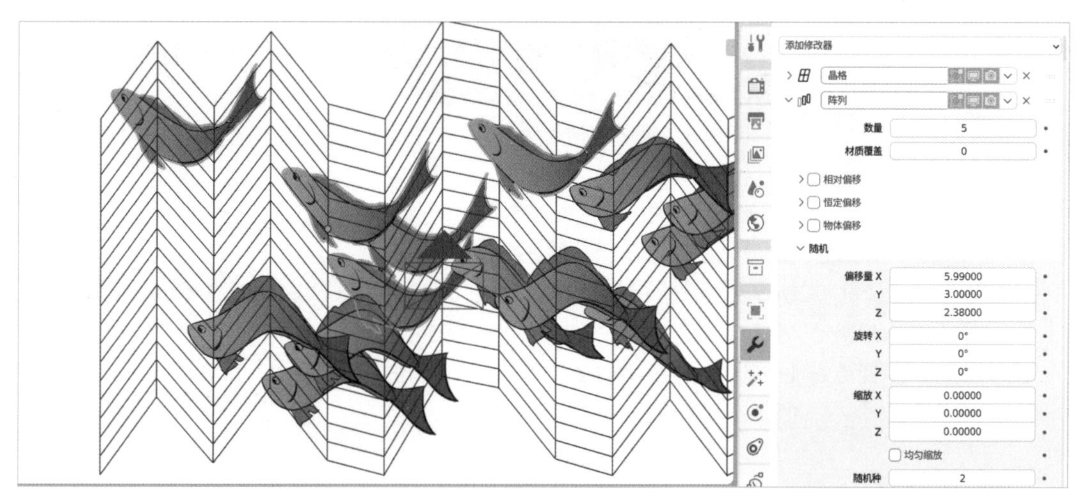

图 8-105

图 8-106

（11）当使用“阵列”修改器时，需要将蜡笔物体属性中的“笔画深度排序”改为“3D 位置”，这样生成的前后位置不同的蜡笔就可以正确地遮挡，如图 8-107 和图 8-108 所示。

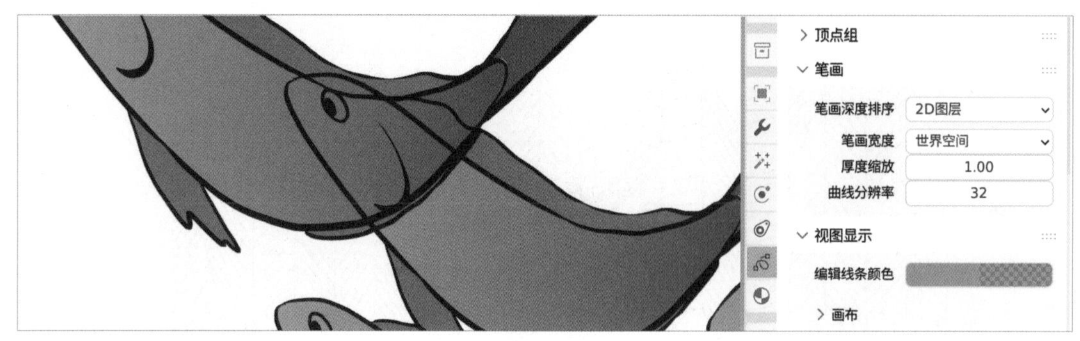

图 8-107

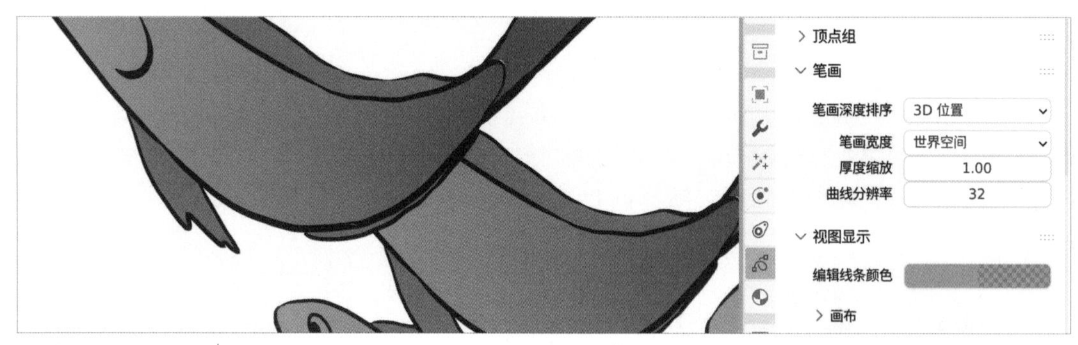

图 8-108

（12）为了方便统一管理鱼进行移动，使用快捷键“Shift+A”创建一个空物体，然后将一部分鱼使用“Shift”键进行多选，再选中空物体，使用快捷键“Ctrl + P”绑定父子级。现在移动空物体会带动这一部分鱼一起移动，你可以添加多个空物体来绑定不同鱼群的父子级关系，以便更好地控制。如果采用的是“阵列”修改器的方式就无须操作这一步，如图 8-109 所示。

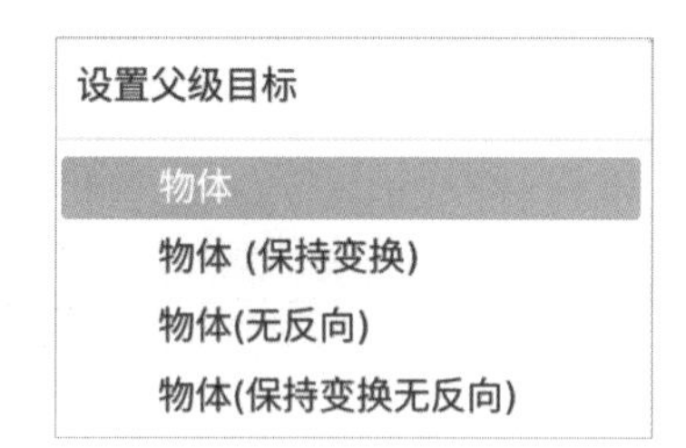

图 8-109

（13）将鱼或者用于控制鱼的空物体制作成动画，在时间轴的第 1 帧，选中当前的空物体或鱼，用快捷键“I”记录一个位置的关键帧，如图 8-110 和图 8-111 所示。

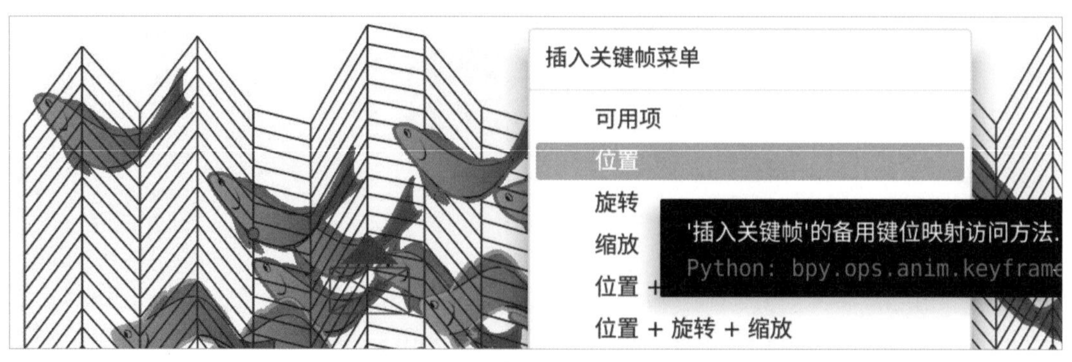

图 8-110

图 8-111

（14）在往后的时间点，移动空物体的位置之后再用快捷键“I”记录一个位置的关键帧。然后，使用空格键播放，就可以看到鱼群的游动效果了，如图 8-112 和图 8-113 所示。

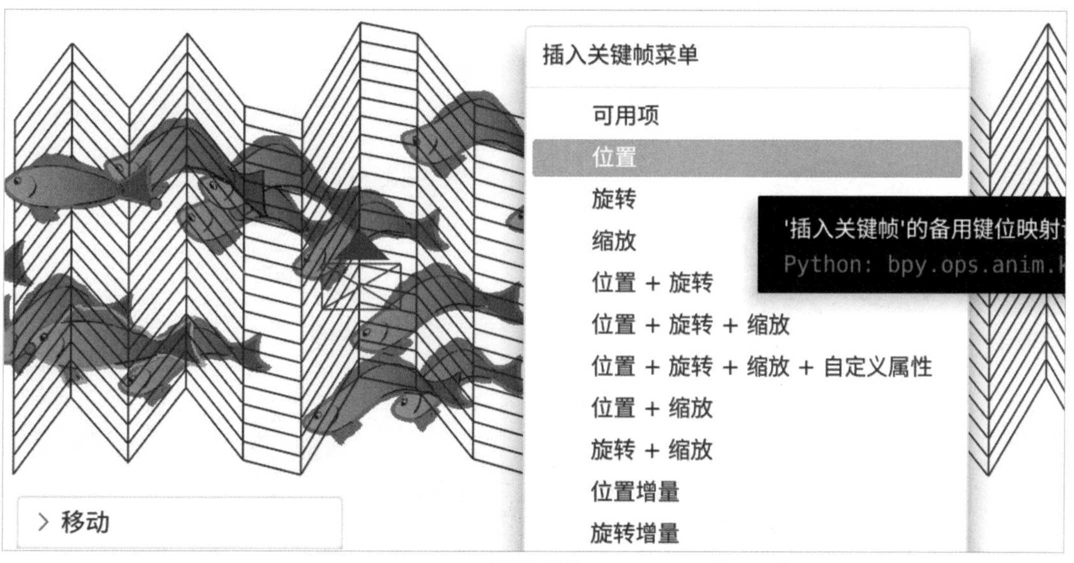

图 8-112

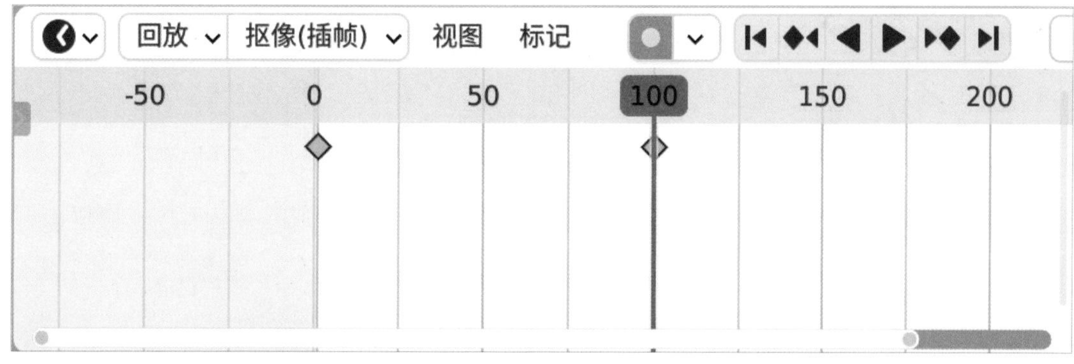

图 8-113

（15）在默认情况下 Blender 有缓入缓出的动画曲线，如果需要这个动画匀速播放，就需要在时间轴上选中这两个关键帧，按快捷键“T”选择“线性”，这样可以使这两个关键帧匀速播放，如图 8-114 所示。

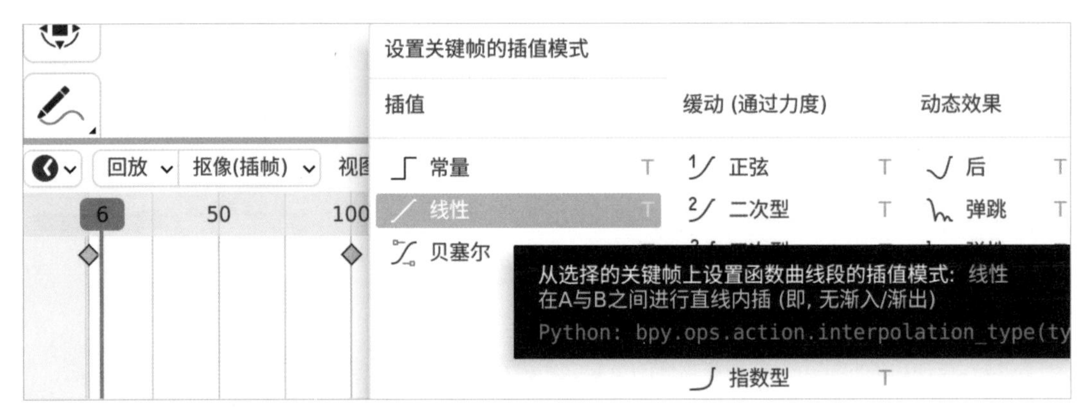

图 8-114

（16）根据动画效果，调整晶格的大小和位置，让它看起来更自然。最后，为了更好的效果，你可以试着加入更多的东西去丰富动画，最终效果如图 8-115 所示。

图 8-115

第9章 角色设计解析

本书的第 9 章可以学习关于角色设计的一些简单通用的知识，以提高角色设计能力。

9.1 角色设计

在正式开始一个项目前，应该先做好角色设计，减少后期制作的改动次数，避免增加制作负担。

角色设计是将一个模糊或概念性的角色设定通过具象化的绘制和 3D 建模技术来创造一个新的、独特的角色形象。角色设计从一个简单的文字设定开始，如开机车的大老虎、卖奶茶的小姑娘，语言专业者通过丰富的文字描述为角色注入灵魂。随后，设计师会根据文字设定寻找大量参考进行草图绘制，寻找灵感。

9.2 外轮廓剪影

在设计角色时，你应该尽可能地把角色的外轮廓做得比较简洁，以增加辨识度。如图 9-1 所示，单看这个剪影就可以猜到它是什么。

图 9-1

9.3 线条设计

根据主题选择线条的设计，日常卡通角色一般采用软弧线居多，这种线条本身就会给人卡通可爱的印象，如图 9-2 所示。

图 9-2

细的线条通常会比粗的线条在视觉上拥有更精致的效果。但当线条过于细时反而会导致看不清线条，观者看着也会累，如图9-3所示。

图 9-3

为了让角色的外轮廓更加明显，通常会把轮廓线刻意加粗，和内部的线条区分开来，如图9-4所示。

图 9-4

在大部分的绘画中，会给角色添加很多细节，而在动画角色设计上，绘制的细节线条越多，工作量就越大，以至于工期延长，所以细节的多与少应该结合画风和工期、人物的年龄来决定。

通常，脸部细节、头发细节会增加角色的年龄感，如图9-5所示。

图 9-5

9.4 服装

在给角色进行服装设计时，需要先设定好角色所处的世界、时间，以及其工种、性格。根据这些信息可以多参考相关的服装资料，然后再根据角色特质进行设计。

通常你可以在网络店铺、线上图书馆、开源项目、服装类图书、电影、游戏、剧集的设定集中找到大量的服装商品图进行参考，图 9-6 展示的是民族服饰博物馆的线上资料。

图 9-6

9.5 图案花纹设计

在给角色做设计时，通常会涉及图案切割，不同的图案带来的视觉感受有所不同，即使图案形状相同，不同的位置、大小也可能会带来不同的表现效果。

如图 9-7 所示，第一个图案中，深色和浅色的区域过于均分。而第四个图案则比其他三个图案更显胸和圆圆的肚子。

图 9-7

花纹除了有修饰身材的作用，还具有突出服装的风格、特点、文化背景等方面的作用。例如，花草纹可以用在唐代的衣服上，猫和冰激凌的花纹可以用在可爱风格的衣服上，格子花纹可以用在英格兰风格的衣服上，如图 9-8 所示。

你可以在设计角色时通过添加花纹来突出角色的个性以及背景等，如图 9-9 所示。需要注意的是，虽然花纹在大部分题材中可以随意设计，但是在部分讲述历史或者表述历史背景的题材中，服装设计以及花纹等比较考究，才会让观众信服。

图 9-8

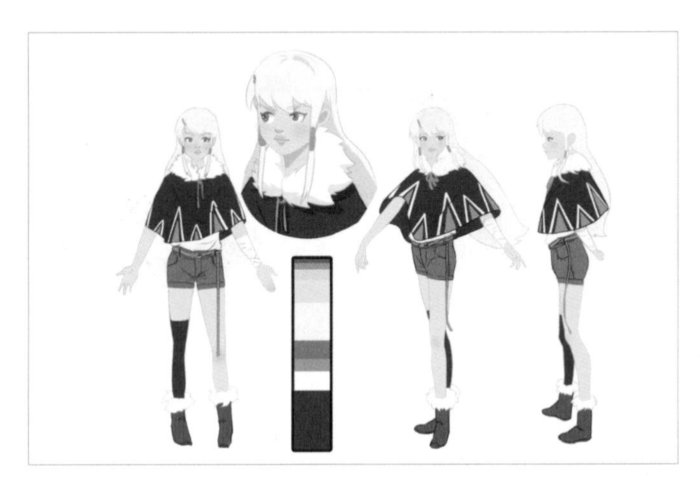

图 9-9

9.6 色彩设计

在色彩设计中是有很多规律可以参考的。首先，做色彩设计时要确定角色服装的主色调，其次是副色，最后是点缀色。为了保证色彩的主次关系，色彩占比可以按照主要颜色占 55%—65%，次要颜色占 30%—40%，点缀色占 5%—10% 来设计，色彩占比的饼形图如图 9-10 所示。

在确定主要颜色后，次要颜色的选择可以从主要颜色的邻近色，或者互补色中选择。如图 9-11 所示，占比更大的褐色为主要颜色，占比更小的暗红色为次要颜色，当次要颜色为主要颜色的邻近色时，会有一种和谐感。反之，次要颜色和主要颜色为互补色时，会有一种冲突感，如图 9-12 所示。

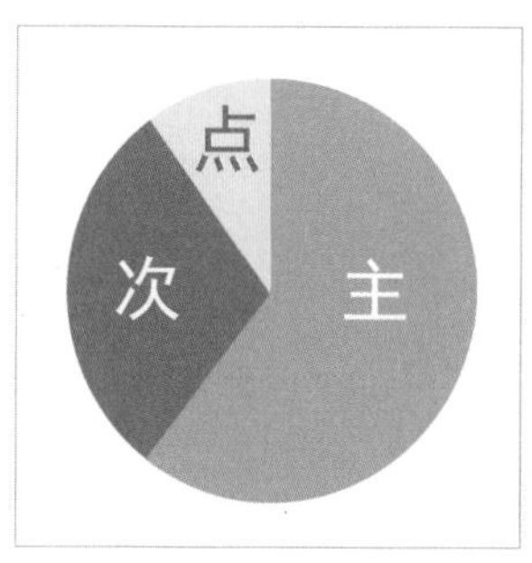

图 9-10

图 9-11

图 9-12

高明度、高饱和度的颜色会比低明度、高饱和度的颜色更刺眼。当你需要设计一个具有跳脱风格的角色时，可以考虑使用互补色搭配高明度、高饱和度的颜色的配色方式，如图 9-13 所示。

次要颜色选完之后，需添加点缀色。点缀色就像菜品最后放上去的葱花，有或者没有都可以，看具体需求。一般来说，当主要颜色和次要颜色为邻近色时，会选择添加互补色作为点缀色，如图 9-14 所示。

当主要颜色和次要颜色为互补色时，则使用主要颜色的邻近色或者次要颜色的邻近色来作为点缀色，如图 9-15 所示。

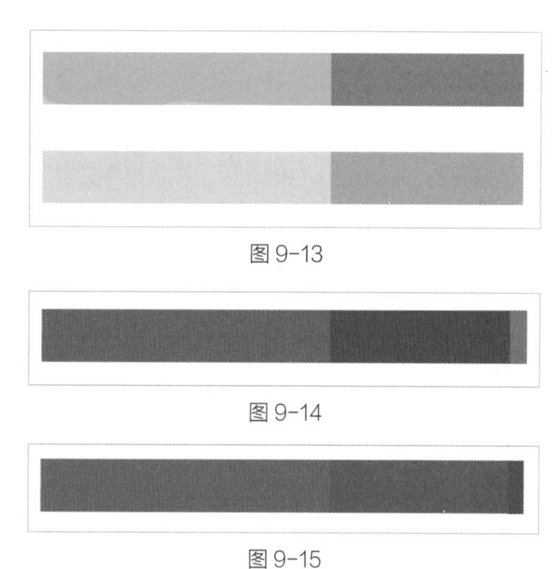

图 9-13

图 9-14

图 9-15

在一个黑白的配色中，使用一个其他的颜色作为点缀色带来的效果也很不错，如图 9-16 所示。

图 9-16

色环如图 9-17 所示。以下是关于互补色、邻近色的名词解释。

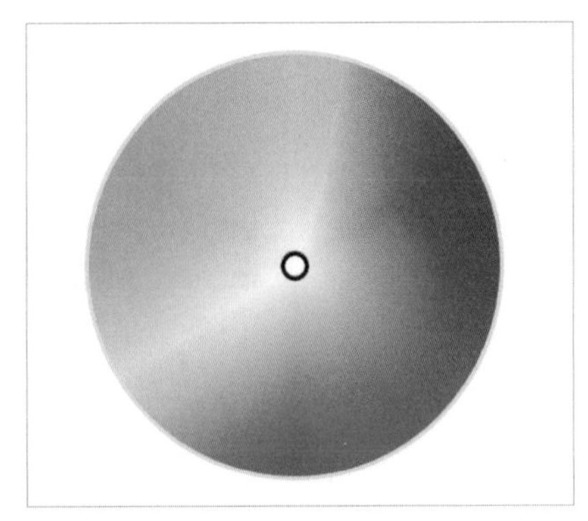

图 9-17

互补色：属于对比色的一种，在色相中夹角为 180° 的两种颜色为互补色。互补色冲突性比较大，所以通常会比较吸引人，如图 9-18 所示。

邻近色：在色彩空间中相互靠近的颜色，它们位于色环上相邻的位置，具有相似的色相但可能有不同的亮度、饱和度，如图 9-19 所示。

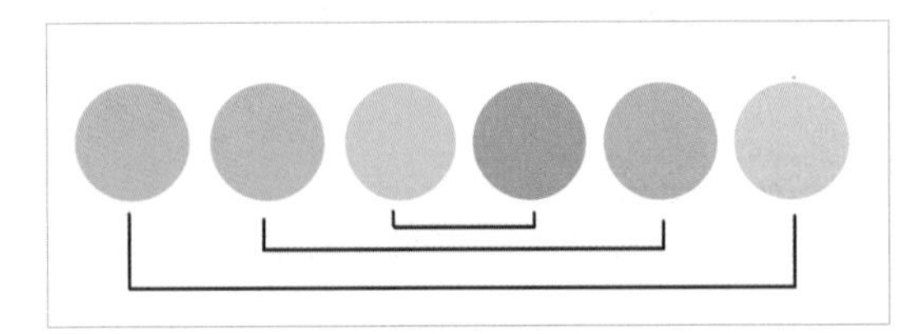

图 9-18

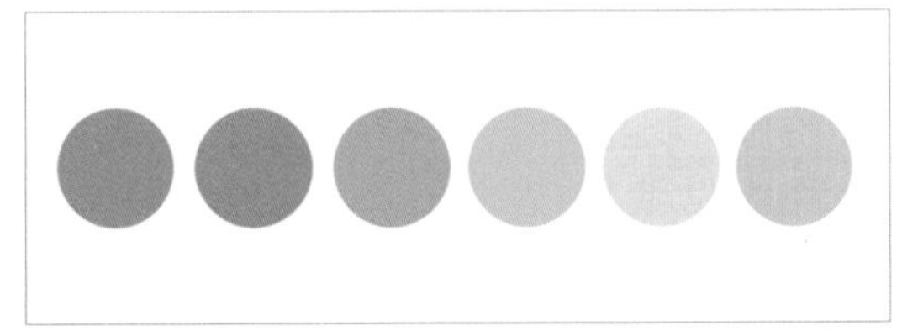

图 9-19

当然，色彩的设计不仅仅关于色相，除色相的搭配外，还需要注意明度和饱和度带来的感受上的区别。例如，熊猫的黑眼圈和黑眼睛，会让眼睛本身不明显，但使用了白色的眼睛之后，因为黑白的高反差效果，会显得眼神非常的犀利。降低明度对比，替换深灰眼圈和全黑眼睛，这样反而让角色显得更可爱，没什么攻击性，如图 9-20 和图 9-21 所示。

图 9-20

图 9-21

9.7 角色三视图

在大部分项目中，为了保证之后绘制动画的统一性，你需要绘制正面、45° 侧面、正侧面、背面。当然，在角色比较简单的情况下，你也可以只绘制正面、正侧面、背面，如图 9-22 所示。

图 9-22

9.8 表情和动作设计

三视图完成之后，你可以为角色设计一些表情。除非需要故意营造反差感，动作和表情设计应尽量贴合角色本身的性格，如图 9-23 所示。对于主要角色可以加上角色走路姿势、奔跑姿势、惯用动作的设计等，如图 9-24 所示。

图 9-23

图 9-24

9.9 练习：角色设计

（1）在正式绘制角色之前，首先需要完善人物的设定简报，在这个练习中新角色的大致设定，如图 9-25 所示。

角色设计通用表

角色：虎虎
风格：卡通兽人

性别：男
年龄：26
身高：175cm
身材：圆滚滚
体重：86kg
肤色：黄黑
发型：无

性格：外向
职业：推销员
服装：正装
喜好：钓鱼、游泳、吃美食

其他：无

简介：虎虎，是一位性格热情、喜欢运动的年轻人。一有空闲时间就会去游泳和钓鱼，他有非常棒的厨艺，虎虎的性格使得周围的人都很喜欢他。作为一名推销员，他总是能够在短时间内与客户建立良好的关系并成功地推销产品。

图 9-25

（2）你可以将需要设计的角色的特征进行提炼，比如，当前练习中根据设定简报，可以得到以下特征：黄黑花纹的老虎兽人，圆滚滚的身材，服装是正装。

（3）设计一个卡通角色时，它的轮廓以及各种特征的形状都非常的多样化，你可以多试试不同的类型，选择一种比较适合当前角色的形状轮廓，如图 9-26 所示。

图 9-26

（4）通常设计一个卡通角色的头部时，为了大小主次对比明显，可以选取一处特征来将它巨大化，它可以是脸部的任一部位，比如，眼睛、耳朵、鼻子、眉毛、嘴巴等，不同的部位能带来不一样的感觉。在这里选择腮部来巨大化，如图 9-27 所示。

图 9-27

（5）在设计一个东西时，脑海里的画面是模糊的，而绘制是将这个设计进行具象化的过程。在你将它绘制出来的过程中作品可能变得平庸，和你想象中的画面感觉不同，但是艺术创作是一个试错和审美判断的过程，你可以不断地修改你的作品使它贴近你心目中的样子。

（6）头部确定好之后，再初步设计角色的身体部分。因为这个角色是系列作品中的其中一个，所以需要保证这个动画的角色头身比差不多一致，这样更利于风格的统一，如图 9-28 所示。

图 9-28

（7）这里使用 1 ∶ 2.5 头身比例设计了一个圆滚滚的穿着正装的身体部分，在绘制侧面及背面的角度时，可以绘制一些辅助横线来确定和正面不同身体结构的位置在高度上保持一致，如图 9-29 所示。

图 9-29

（8）确定好角色的大概形体之后，可以根据当前角色的信息进行配色，当前的角色比较简单，所以配色上不会很难。在大部分情况下，推销员的衬衫通常是白色基调，而黑色或者更加娱乐性的颜色不太会出现在当前设定的场景之中。当然你也可以多设计几套配色，在其他场景中可能会用到，如图 9-30 所示。

图 9-30

（9）如果只是纯白色的衬衫可能会有一些单调，添加一些低饱和度的亮蓝色，将裤子换为低饱和度的深蓝色可以使颜色更丰富化，并且让蓝色和角色本身的橙黄色形成对比色，如图 9-31 所示。

图 9-31

（10）领带的配色为了贴合温和、性格外向的设定，可以选择暖色系的颜色，比如，红色、橙红色，而使用比较冷静的蓝色不是特别适合当前的角色，如图 9-32 所示。

图 9-32

（11）角色的配色完成后，可以对体型进行进一步调整，在初版的体型中，侧面的轮廓看着会太过于拟人化，所以对整体轮廓进行一个简化使角色变得更加圆润，侧面的背部轮廓去掉结构上的凹凸，简化为一个整体。头部和身体以及腿的高度过于等比例，在身体长度保持不变的情况下将上半身的比例拉得更长，下半身更短，会让角色变得更憨，这样也解决了比例相同的问题。将领带进行放大使其成为身体中一个较大的特征点，如图 9-33 和图 9-34 所示。

图 9-33

图 9-34

（12）在这一步调整中，将脚掌的厚度进行了回调，单纯是因为笔者更加喜欢厚厚的脚掌带来的柔软感。接下来因为想把主要注意力集中在角色脸部，而腰带扣的结构在这个角色上显得稍微有些复杂会吸引注意力，所以将腰带扣删除，注意力可以更好地放在上半身。角色的五官调整得紧凑之后，领带显得过于大而抢注意力，再稍微回调领带的大小，如图 9-35 所示。

图 9-35

（13）最后，将这个角色使用之前试好的配色进行上色，绘制一些常用的表情，就完成了该角色的设计，如图 9-36 所示。

图 9-36

第10章 场景和构图设计

在本书的第10章中，你将学习设计场景的思维以及一些常用的构图方法，以帮助你设计一个适合的场景。

10.1 场景

在一个作品中，除了角色外，场景也是不可缺少的一部分，整部作品发生的场景可大可小，大到一个城市或者一个星球，小到一个街道、一个公寓。场景可以给角色提供环境和相对位置，并且为故事添加更多的情感烘托，帮助观众理解故事发生的地点以及角色信息。

10.2 场景俯视图

在设计角色时，需要制作三视图来保证角色的统一性；而在设计场景时，制作场景俯视图则可以帮助你更好地规划场景的空间布局，保证场景的统一性，如图10-1所示。

图10-1

10.3 构图设计

在制作一个画面时，通常需要考虑画面的构图，并以此来强调当前画面中需要表达的主体。经过长时间的研究，在一些特定的区域内的物体会更加吸引人的注意力，以下是 4 种常见的构图方式。

10.3.1 九宫格

九宫格构图，将画面等分为九份，在横竖线交叉的位置放置需要表达的中心，会显得更加自然，如图 10-2 所示。

如果直接把中心物放在画面中间，会显得这个角色很强势、自信，如图 10-3 所示。

图 10-2

图 10-3

九宫格构图非常适合双人同屏对话，是比较自然的构图，如图 10-4 所示。

在绘制平视角度的场景时，将场景的地平线高度放置在与九宫格构图的横线同一高度位置，这样的地平线与天空的占比会显得比较自然；当你将地平线的高度放置在低于第二根横线，或者高于第二根横线时，占比感受都不如放置在横线上那么舒服，如图 10-5 所示。

图 10-4

图 10-5

10.3.2 对称

使用对称的构图，会让画面更平衡，这种构图比较适合用来突出某个中心，如图 10-6 所示。但是这种构图方法不适合多次或长时间使用，否则会显得比较呆板和刻意。

图 10-6

10.3.3 形状

在场景中设计一些带有明确轮廓的物体，作为一种形状构图，可以使画面显得更加干净，更加有设计感，如图 10-7 中使用圆形光斑给画面添加了许多简单的形状。

图 10-7

10.3.4 视觉引导

在画面中添加线条可以引导视线，让观众的注意力集中在作者想要表达的主体之上，使用直线做视觉引导，物体会显得非常的直接、干脆。在许多漫画和动画中会使用速度线来引导视线以及强化激动的情绪，如图 10-8 所示。

图 10-8

使用弯弯曲曲的动态线做视觉引导会更加委婉，可以增加当前画面的耐看性，如图 10-9 和图 10-10 所示。

图 10-9

图 10-10

10.4 场景空间的深度

在绘制一个场景时，如果只是纯靠笔绘制，对于一个没有绘画经验的人来说，创造一个有空间深度的画面可能会比较困难，你可以先尝试在九宫格的横线上定下一根地平线，如图 10-11 所示。

通过在不同的位置绘制或放置一个简单的角色，并确保角色的某一个关键部位总是位于与地平线上大致相同的高度，可以非常有效地创造出场景的空间深度和透视效果，如图 10-12 到图 10-14 将人物的肩膀放于同一高度。

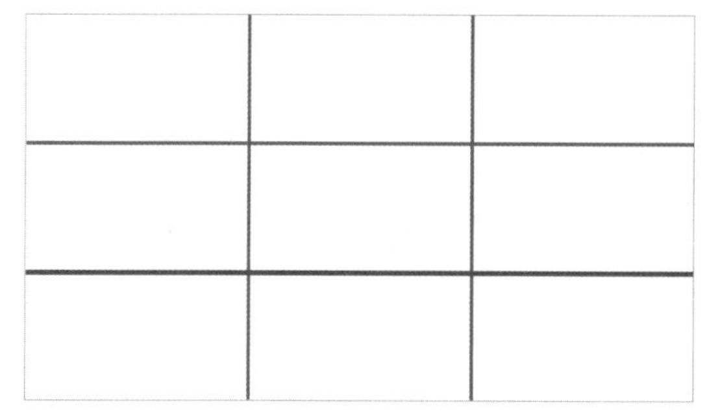

图 10-11

图 10-12

图 10-13

图 10-14

10.5 场景的景别

在一个镜头画面中，通常会根据每个物体到镜头的距离来划分景别，通常分为前景、中景、背景。大部分情况下会将当前主要想表现的主体，放置在中景；背景用来补充场景中的元素、周边环境；前景用来增加空间的深度，如图 10-15 所示。

图 10-15

10.6 场景练习：游泳池

（1）在绘制一个场景之前，需要先考虑好当前场景中的主体，比如，当前需要设计一个游泳池场景，那么需要考虑是一个室内游泳池，还是一个室外游泳池，以及游泳池的形状是常规的方形还是其他形状，如图 10-16 所示。

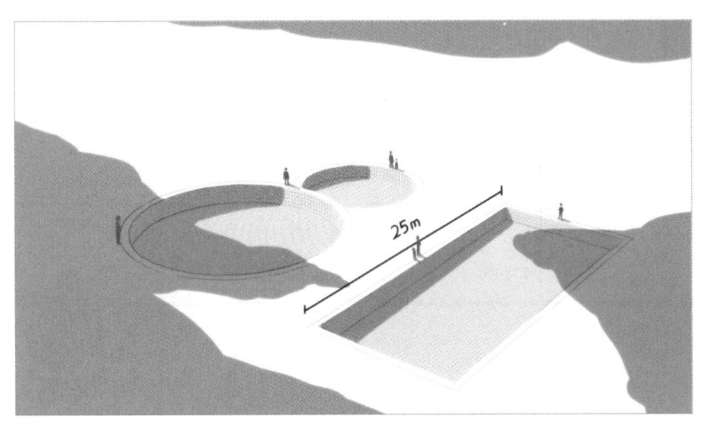

图 10-16

（2）除了大小和深度外，游泳池的设计还需要考虑游泳池的材质和颜色，有的游泳池使用的是塑料板搭建的，有的游泳池则是瓷砖。对于使用瓷砖的游泳池，其瓷砖也会有不同的花纹图案，如图 10-17 所示。

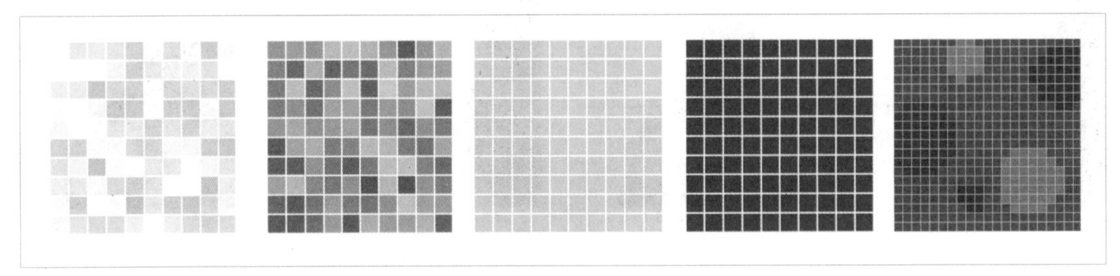

图 10-17

（3）游泳池本身的设计完成后，需要将注意力放到游泳池的周边环境，比如，作为一个露天游泳池，岸上是什么样子的；有的游泳池修在花园中，所以周边会是花园风格；有的游泳池在海边；有的游泳池在城市楼顶，如图 10-18 所示。

图 10-18

（4）不同的游泳池使用了不同的过滤系统，这使得游泳池在外观上会有一定差别，有的游泳池高于地面，所以水溢出后通过地面的水道回收；而有的游泳池和地面高度相同，会把水道做到地面或者在游泳池内部，如图10-19所示。

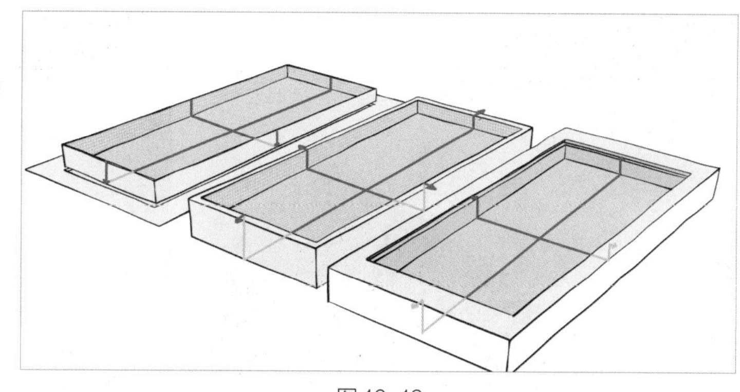

图10-19

（5）游泳池的相关设施也需要考虑，如游泳池的手扶梯、救生设备、警示标识，对于专业的游泳池，还会有跳台、水线、5米线，可以先绘制一些零散的相关设施以便之后绘制场景镜头时把握相关的造型和比例，如图10-20所示。

图10-20

（6）收集到关于游泳池的资料之后，绘制一张俯视图确定游泳池的比例以及特征物体的相对位置，并且向外拓展游泳池的周边环境的画面，在当前阶段不需要把场景中的东西画得多精致，也不需要考虑构图，只要保证主要场景出现在画面中即可，如图10-21到图10-23所示。

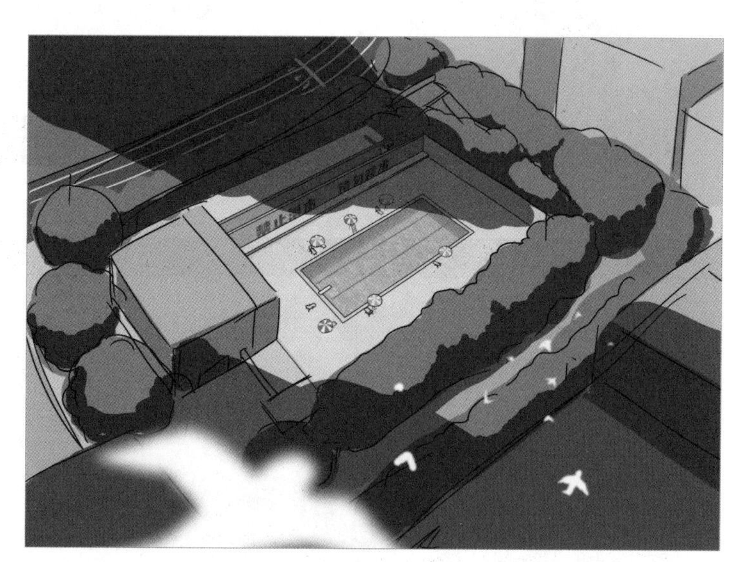

图10-21

图 10-22

图 10-23

（7）俯视图完成之后，就可以根据该场景去绘制动画中需要使用的不同的角度镜头了。在这一步绘制时就需要考虑镜头构图，让镜头中的主体更加显眼。在此图中将海平面高度安排在九宫格构图的横线高度上，作为当前场景主要角色的熊猫则在九宫格的竖线上，如图 10-24 和图 10-25 所示。

图 10-24

图 10-25

10.7 将外部图片导入 Blender

在 Blender 中制作场景时，你可以使用蜡笔进行绘制，也可以在其他绘画软件中绘制背景，再导入 Blender。如果需要将外部图像导入 Blender，你需要完成以下简单操作。

（1）首先，你需要打开偏好设置的“插件”选项，该插件是 blender 自带插件，不需要进行额外安装，直接搜索“导入图像为平面”，如图 10-26 所示。

图 10-26

（2）在搜索结果中，激活“导入图像为平面”插件，如图 10-27 所示。

图 10-27

（3）在 3D 视图中，使用快捷键“Shift +A”添加“图像→图像为平面”，如图 10-28 所示。

（4）在弹出的文件视图窗口中，选择你需要导入的图片，如图 10-29 所示。

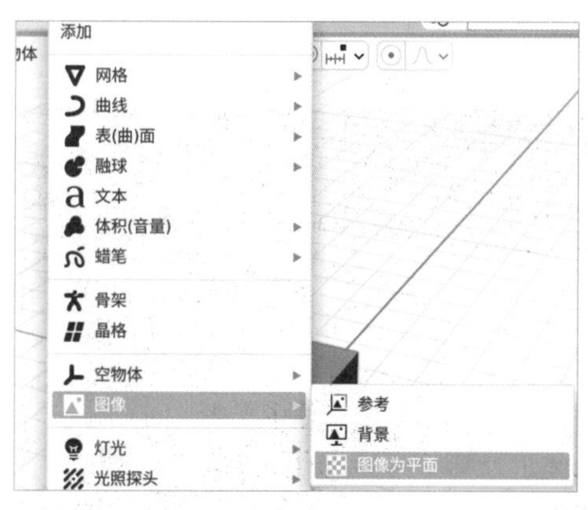

图 10-28

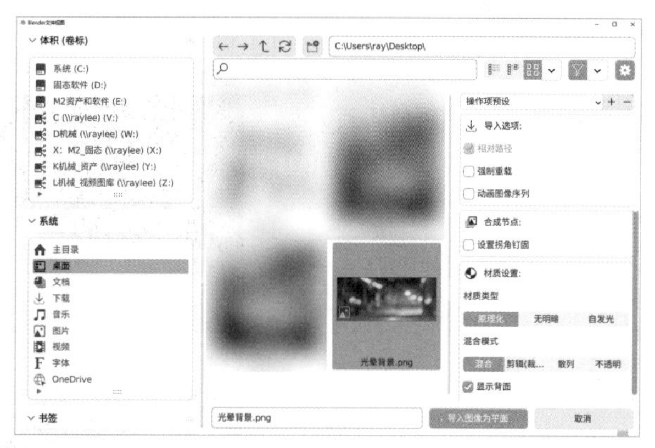

图 10-29

（5）在文件视图窗口的右侧，你可以通过“材质类型”选项设置材质是否受到灯光影响，其中默认的“原理化”选项会受到灯光影响，使得导入的图片受到灯光亮度的影响，无明暗和自发光两种类型将不会收到世界环境光照的影响，如果环境中有亮度较高的光源，自发光的材质类型会反射出高光，可以根据自己需求选择这 3 中材质类型进行使用。如图 10-30 所示。

图 10-30

（6）确定好图片的材质类型后，单击文件视图窗口右下角的“导入图像为平面”按钮，如图 10-31 所示。

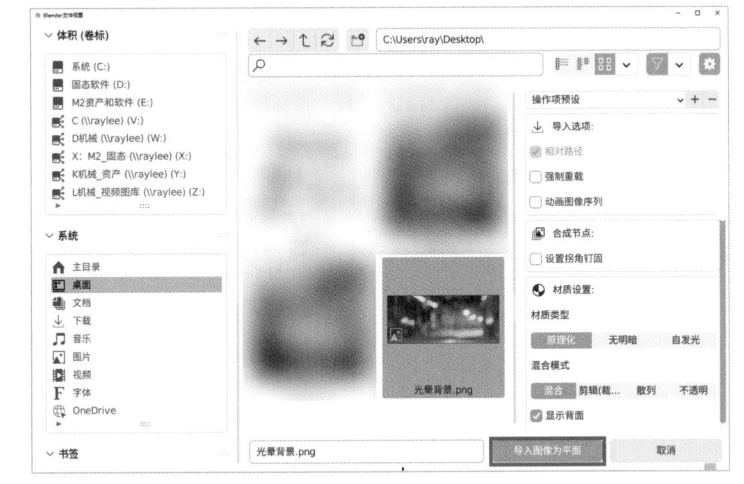

图 10-31

（7）导入成功后，需要切换到渲染预览模式或材质预览模式才可以看到图片的颜色，如图 10-32 所示。

图 10-32

第11章 摄像机和音频

在本书的第 11 章中，你将学习在 Blender 中设置摄像机的参数、导入参考影片和音频。

11.1 画幅

在 Blender 中，画幅比例由输出设置中的分辨率决定，如图 11-1 和图 11-2 所示。更改分辨率就能改变画面的比例，如图 11-3 和图 11-4 所示。

图 11-1

图 11-2

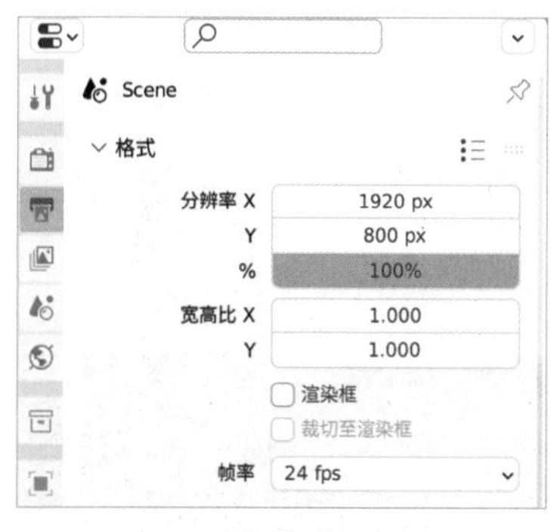

图 11-3

图 11-4

11.2 焦距

在属性面板的摄像机设置中可以调整焦距的数值，使用不同的焦距可以改变画面的大小，如图 11-5 所示。若要保持画面中主体位置不变又要改变焦距，就需要改变摄像机的位置，这个时候就会改变透视强弱，如果想要绘制的二维蜡笔在 3D 空间中使用，就需要利用焦距的功能。如果在 2D 界面上绘制 3D 空间效果就需要把控空间，绘制出因焦距不同而带来的距离感，如图 11-6 到图 11-8 所示。

图 11-5

图 11-6

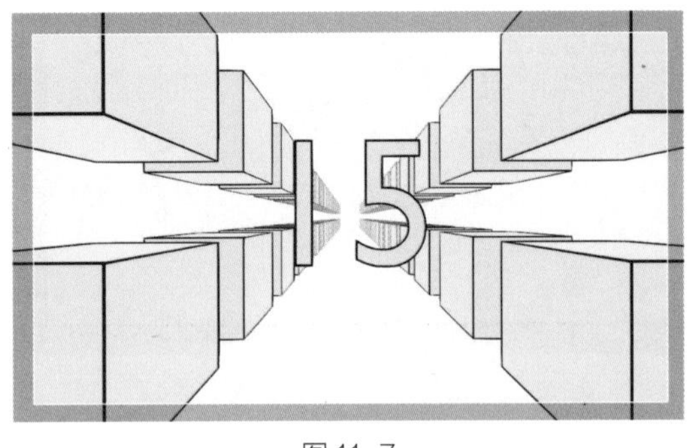

图 11-7

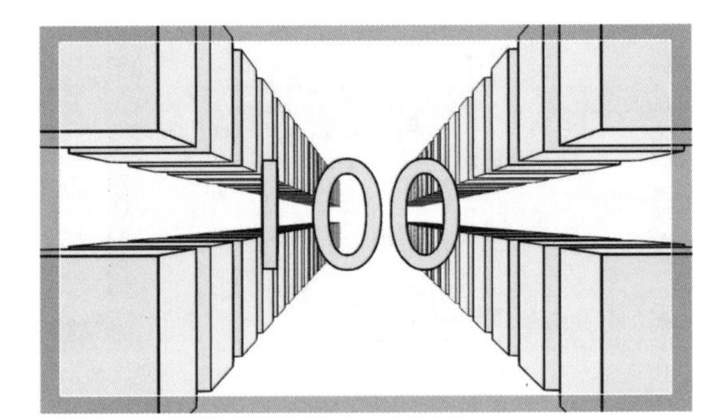

图 11-8

11.3 景深

景深使距离摄像机远近不同的物体呈现出不同程度的模糊效果，如图 11-9 和图 11-10 所示。

图 11-9

图 11-10

在 Blender 中，可以通过选中“摄像机”，执行“属性→物体数据属性（绿色的相机按钮）→景深”命令，激活“景深”。

在“景深”的选项中，你需要调整焦点距离，设定对焦的位置。“景深”的可调整选项有以下 4 种，如图 11-11 所示。

光圈级数：级数越小，焦外模糊效果越强；级数越大，焦外模糊效果越弱。

刃型：通过改变光圈的叶片数量可以改变光斑的形状。

旋转：通过改变光圈叶片的旋转来改变光斑旋转。

比率：模拟失真的焦外成像。

图 11-11

11.4 导入参考影片

在 Blender 的摄像机视图中，从外部选择影片并拖曳到 3D 视图之中，可以为当前的摄像机视图添加一个背景画面，如图 11-12 所示。你可以在属性面板调整该视频背景的参数，如图 11-13 所示。

图 11-12

图 11-13

需要注意的是，导入的参考背景只是作为参考进行使用，不会影响到最后渲染时的画面背景。

11.5 导入音频

在 Blender 中的任意一个编辑器的左上角将其切换到“序列编辑器”，再将音频文件拖曳到任意一个轨道上，最后，按播放键就可以听到音频的声音了，如图 11-14 所示。

图 11-14

在导入音频后，在“序列编辑器”中按快捷键“N”，在右侧栏中勾选“显示波形图”，可以帮助你更好地把握口型动作所需的时间，如图 11-15 所示。

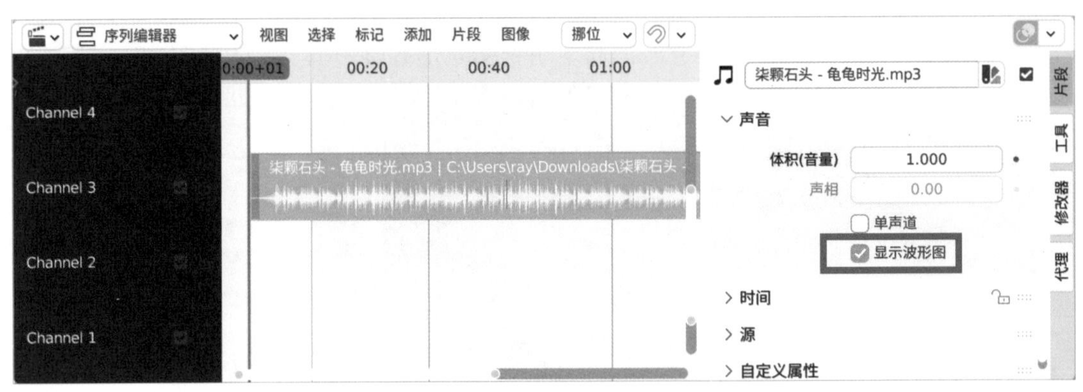

图 11-15

渲染输出解析

在本书的第 12 章中，你可以学习 Blender 的各种渲染设置，以便更好地输出你的作品。

12.1 渲染设置

在渲染作品之前，如果你需要在其他软件里对某个单独的画面部分进行调色或者合成，就需要对各种渲染设置的参数进行调整。

12.1.1 关于 Z 通道

在 Blender 的视图层属性中包含很多通道数据，通常为了减少缓存，Blender 不会默认启用大部分通道数据的输出。而在“通道→数据”中的“Z”通道，对于蜡笔来说是必需的，你需要打开“视图层”属性中的“Z”通道，如图 12-1 所示。如果在当前工程中存在网格物体未开启“Z”通道直接渲染时，蜡笔物体就会显示在所有网格物体之前，如图 12-2 所示；开启“Z”通道则会按照顺序正常显示前后关系，如图 12-3 所示。

图 12-1

图 12-2

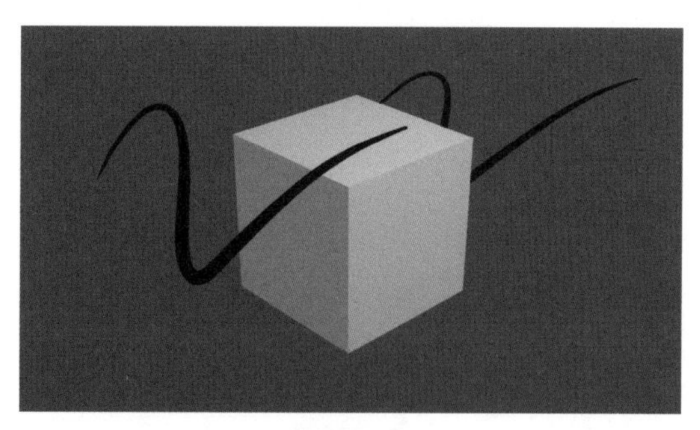

图 12-3

12.1.2　渲染输出和输出位置

Blender 的渲染功能可以在标题栏中找到。单击“渲染”选项后，可以展开渲染菜单栏，如图 12-4 所示。

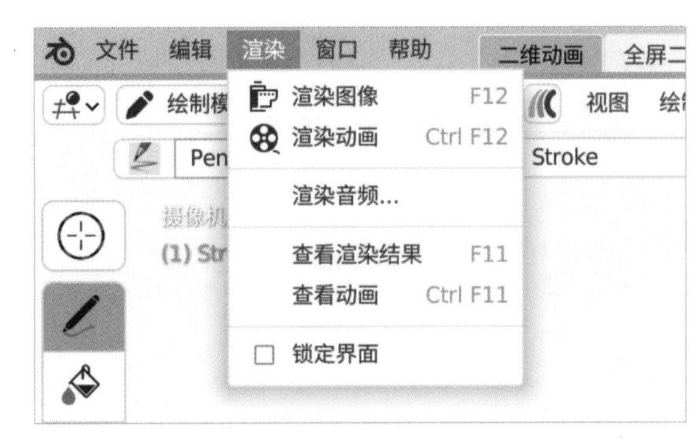

图 12-4

当选择渲染图像时，Blender 选择渲染的图像会渲染当前播放头所处的这一帧，比如，当前播放头在 32 帧就会渲染 32 帧的画面，如图 12-5 所示。

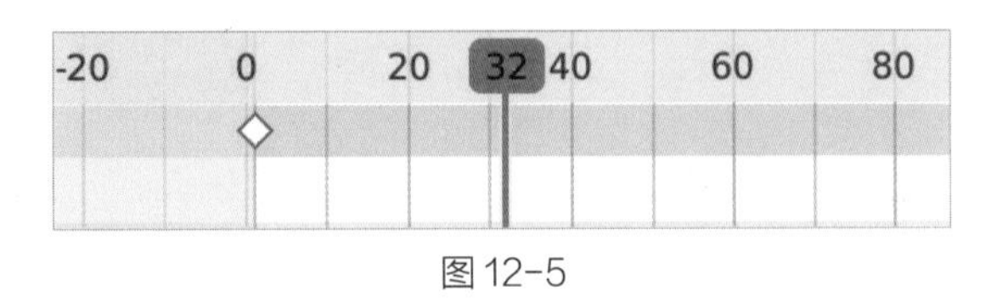

图 12-5

当选择渲染动画时，Blender 将会渲染起始帧到结束帧内的所有帧的画面，如图 12-6 所示。

当 Blender 在渲染图像时，会弹出渲染的界面，渲染完成后需要手动单击“保存”选项选择保存的位置，如图 12-7 所示。

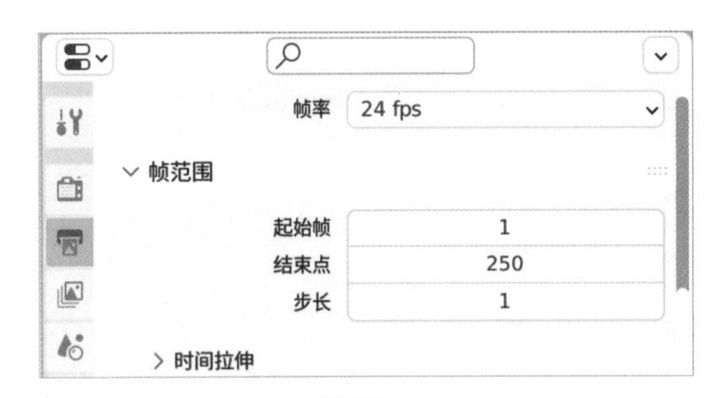

图 12-6

图 12-7

在渲染动画时，Blender 会根据属性面板中“输出”属性设置的输出位置进行保存，如图 12-8 所示。

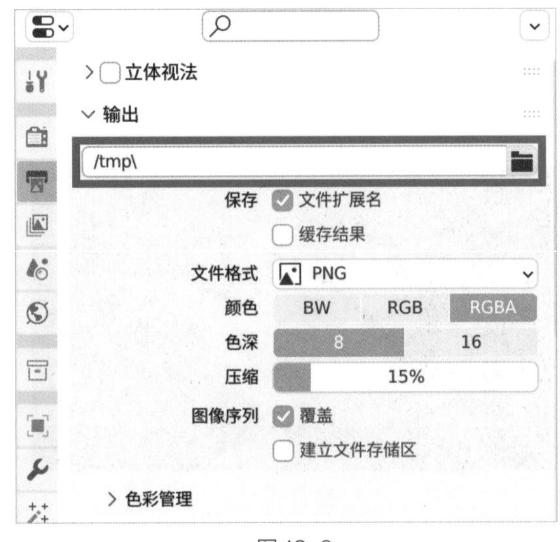

图 12-8

12.2 渲染分辨率

在属性面板输出的属性选项中，可以根据项目需求来设置输出分辨率。通常情况下，建议输出的分辨率为1920px×1080px，这个大小适合互联网大部分流媒体，如图12-9所示。

如果输出视频需要后期进行剪辑、运镜等处理，可以考虑输出分辨率为3840px×2160px的视频，待后期制作完成，再使用分辨率为1920px×1080px的视频进行上传。

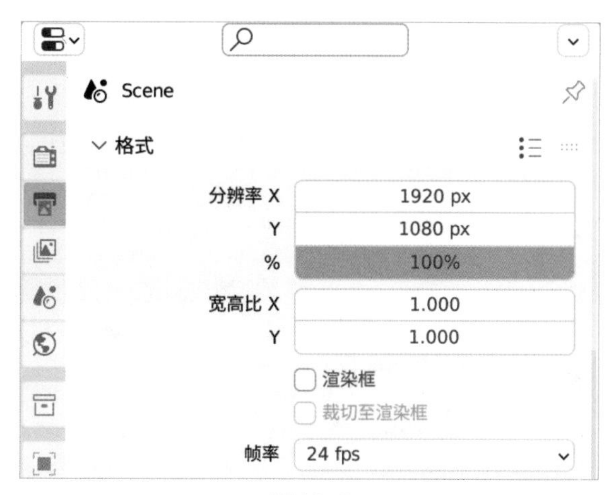

图12-9

12.3 文件格式

Blender中的文件输出有非常多的选项，你可以选择任何需要的输出选项。其中包括很多常用的输出格式，如JPEG、PNG、TIFF、OpenEXR、FFmpeg视频等，如图12-10所示。

如果需要导出体积较小的图片，可以选择JPEG格式；如果需要导出无损图片，可以选择PNG、TIFF、OpenEXR格式。

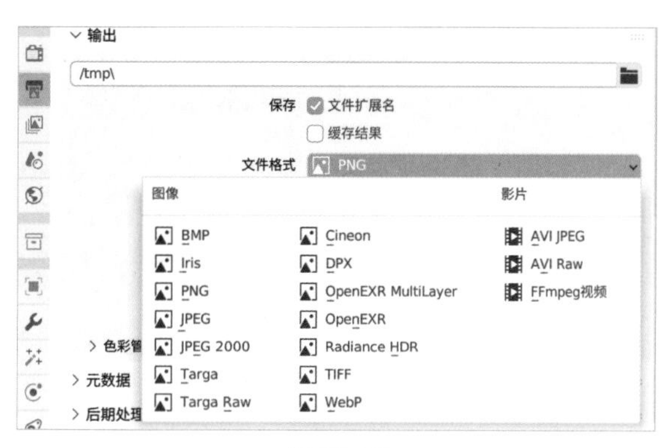

图12-10

12.4 视频导出

当选择输出FFmpeg视频格式的视频时，需要对容器和视频编码进行设置。MPEG-4容器搭配H.264视频编码是比较常用的，根据项目具体提交的用途可选择不同的容器和视频编码，如图12-11所示。

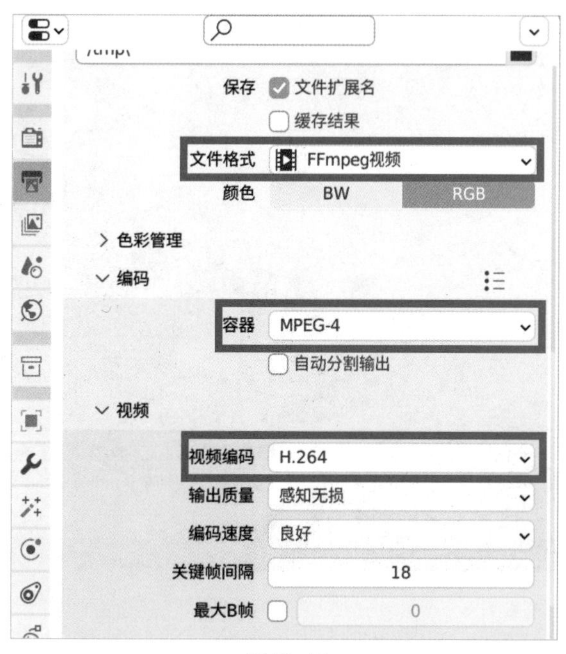

图12-11

输出质量决定文件码率大小，同一个文件，码率越高，画面会更清晰，渲染后得到的文件体积也会更大，一般选择导出“感知无损”的输出质量可以得到一个较好的画面以及较小的文件体积。

如果你需要选择恒定码率，可以输入码率的值，但这个值应该根据画面的信息来决定，如图 12-13 所示。

图 12-12

图 12-13

颜色信息丰富的作品应该使用较高的码率，如图 12-14 所示。

图 12-14

颜色信息简单的画面可以使用较低的码率，如图 12-15 所示。

图 12-15

12.5 透明背景

当你需要输出带有透明背景的图片或者影片时，你需要在属性面板中打开渲染引擎，并找到胶片选项中勾选“透明”选项，如图 12-16 所示。只有当前渲染的图片格式或者影片编码能够输出色彩模式为“RGBA”的文件时，才可以在输出时选择“透明”背景，如图 12-17 所示。

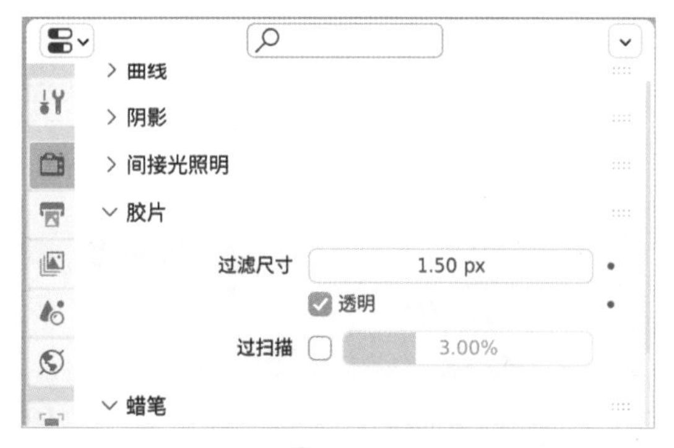

图 12-16

图 12-17

常见的可以输出透明信息的图片格式和视频格式有以下几种。

图片格式：PNG、TIFF、OpenEXR。

视频格式：MOV 容器、PNG 视频编码。

12.6 分层渲染

在 Blender 渲染输出时，你可以利用视图层和合成节点进行分层渲染图片为不同的序列帧，以便在其他软件里合成进行调色、制作特效等。

在 Blender 主界面的右上角的视图层功能，单击“新建视图层”按钮可以创建新的视图层，如图 12-18 所示。

图 12-18

单击“视图层”按钮可以切换到其他视图层，如图 12-19 所示。

图 12-19

你可以对不同的视图层进行名字编辑，方便管理分类，如图 12-20 所示。

图 12-20

你可以对每一个视图层的合集进行单独的使用或关闭，比如，在视图层 A 中开启角色集合，关闭场景集合；在视图层 B 中关闭角色集合，使用场景集合，如图 12-21 和图 12-22 所示。

图 12-21

图 12-22

12.7 练习：在合成器中设置分层渲染输出

在这个练习中，你可以使用本书提供的文件进行练习。在相应的文件中，场景集合中有 4 个集合箱，分别是背景、角色 A 组、角色 B 组、前景。

（1）选择任意一个编辑器，单击该编辑器左上角的编辑器切换按钮切换到“合成器”界面，如图 12-23 所示。

（2）在激活合成器界面左上角菜单栏选项中勾选“使用节点”选项，之后 Blender 会默认创建一个渲染层节点以及一个合成节点，如图 12-24 所示。

图 12-23

图 12-24

（3）在“渲染层”节点中，你可以通过单击“渲染层”节点最下方的视图层选择功能切换视图图层，如图 12-25 所示。

（4）在 Blender 的右上角视图图层功能区域，将当前视图图层的名字更改为“角色 A 组”，如图 12-26 所示。

（5）在大纲视图中把“角色 A 组”之外的集合关闭，只保留“角色 A 组”的集合箱，如图 12-27 所示。

图 12-25

图 12-26

图 12-27

（6）单击“添加新视图”按钮，创建新的视图图层，如图 12-28 所示。

（7）命名新的视图图层为“角色 B 组”，如图 12-29 所示。

（8）在大纲视图中把“角色 B 组”之外的集合关闭，只保留“角色 B 组”的集合箱，如图 12-30 所示。

图 12-28

图 12-29

图 12-30

（9）单击“添加新视图”按钮，创建新的视图图层，并且将这个新的视图图层更改名称为“背景”，如图 12-31 所示。

（10）在大纲视图中把“背景”之外的集合关闭，只保留“背景”的集合箱，如图 12-32 所示。

图 12-31

图 12-32

（11）单击“添加新视图”按钮，创建新的视图图层，并且将这个新的视图图层更改名称为“前景”，如图 12-33 所示。

（12）在大纲视图中把“前景”之外的集合关闭，只保留“前景”的集合箱，如图 12-34 所示。

图 12-33

图 12-34

（13）现在，你可以单击“视图图层”按钮来选择当前要查看哪个视图图层，如图 12-35 所示。

（14）在合成器面板中，选择“渲染层”节点，使用快捷键“Shift +D”复制 3 个，并给每个“渲染层”节点选择不同的视图图层，如图 12-36 所示。

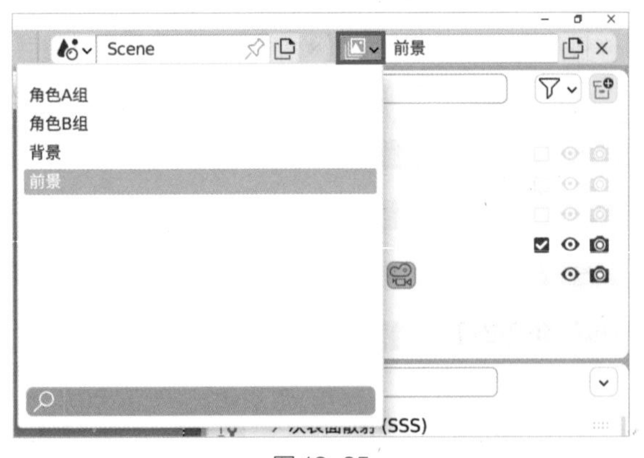

图 12-35

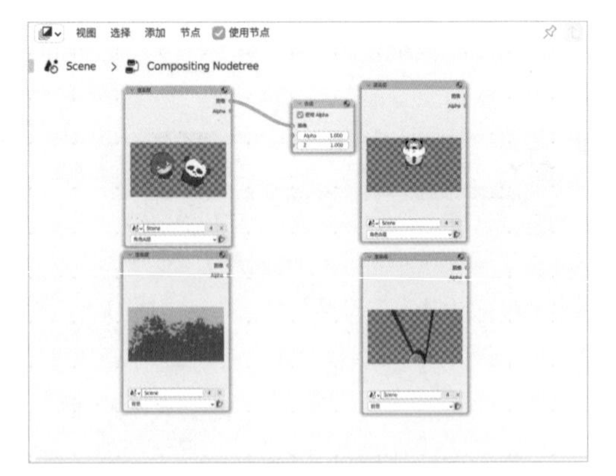

图 12-36

（15）在合成器面板中，使用快捷键“Shift+A”添加 4 个“文件输出”节点，并将 4 个“渲染层”节点和“文件输出”节点进行连接，如图 12-37 和图 12-38 所示。

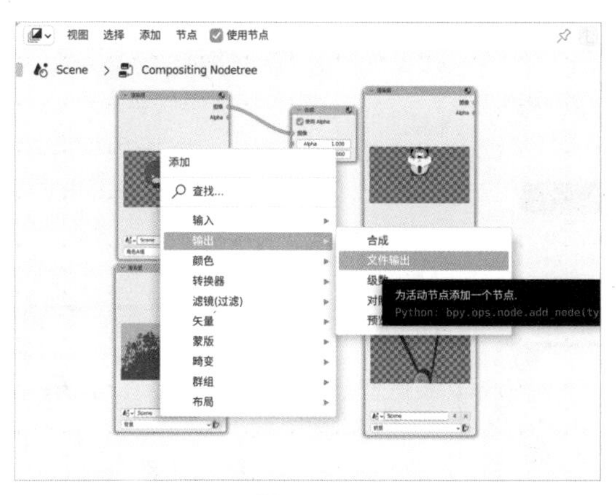

图 12-37

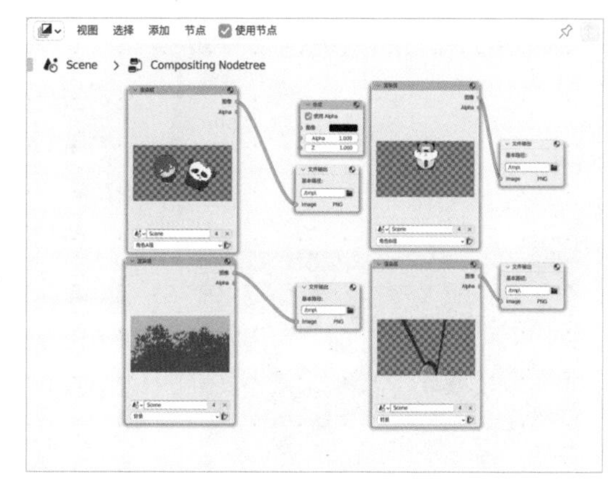

图 12-38

(16) 在使用“文件输出”节点时，属性面板中的输出设置将会被“文件输出”节点所替代，所以使用“文件输出”节点时，只需要对“文件输出”节点进行设置即可。

(17) 选择其中一个“渲染层”节点后，在合成器界面按快捷键“N”，可以在右侧栏的“节点”选项中找到关于“文件输出”节点的属性设置，如图 12-39 所示。

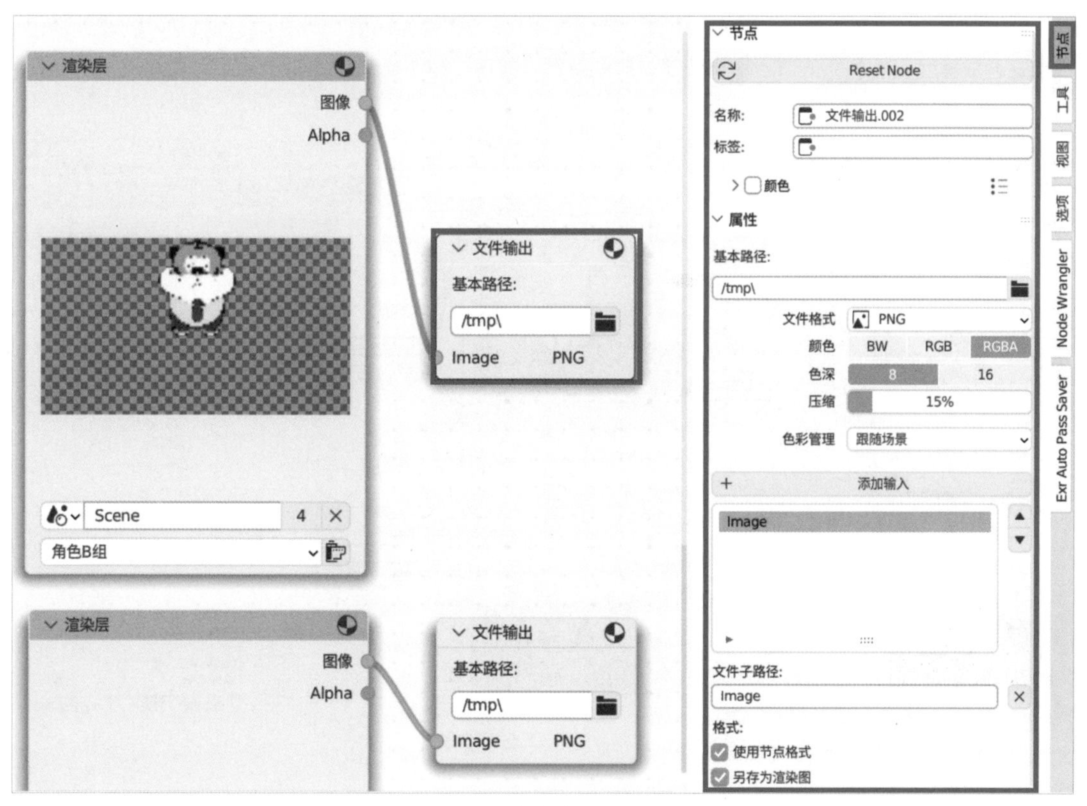

图 12-39

(18) 在合成器面板右侧栏“节点”属性设置中，你可以设置该“文件输出”节点连接的“渲染层”节点的图像输出的位置以及渲染格式等。在本练习中，使用 RGBA 的“PNG”格式，将 4 个视图图层输出到对应的路径，比如，“角色 A 组”输出路径设置为“D:\ 输出 \ 角色 A 组”，如图 12-40 所示。

图 12-40

(19) 完成第一个“文件输出”节点的设置后，选中其他的“文件输出”节点，并分别为这些“文件输出”节点在合成器面板右侧栏的节点输出设置对应的参数，如图 12-41 所示。

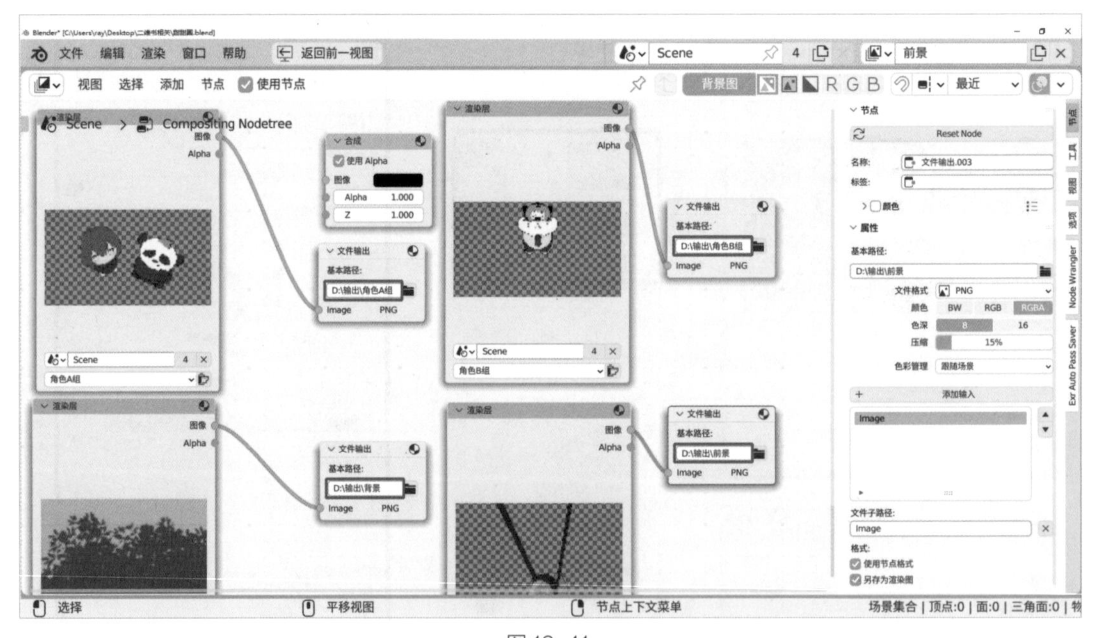

图 12-41

(20) 为了得到一个透明的背景，渲染之前需要在渲染引擎设置中勾选“透明”选项，如图 12-42 所示。

(21) 单击 Blender 顶部菜单栏的“渲染”选项，选择“渲染动画”进行渲染，如图 12-43 所示。

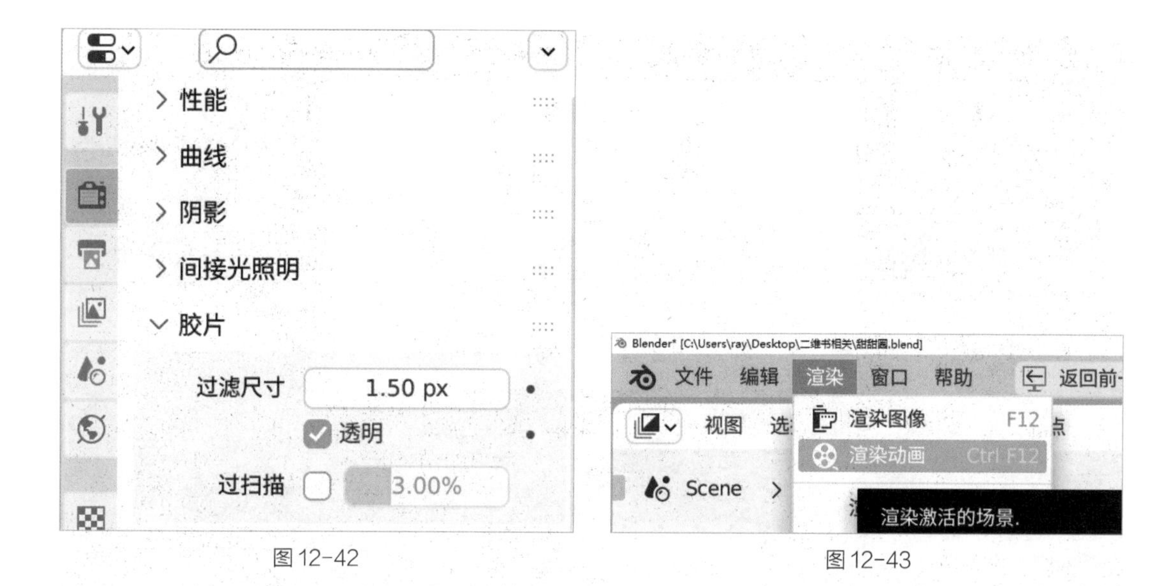

图 12-42　　图 12-43

（22）渲染完成后，你可以在“文件输出”节点所设置的文件夹内找到与之对应的序列帧文件，如图 12-44 和图 12-45 所示。

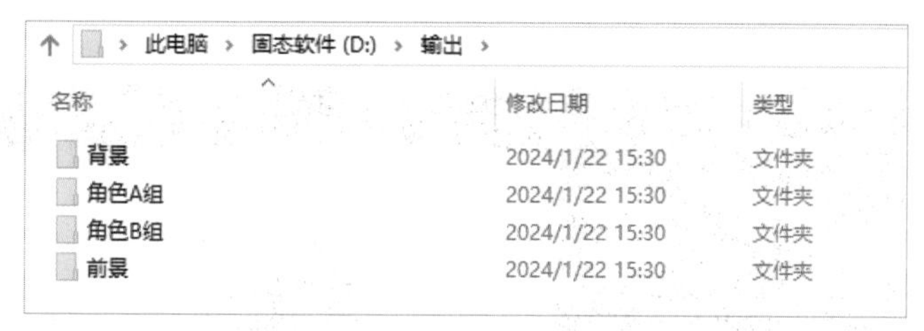

图 12-44

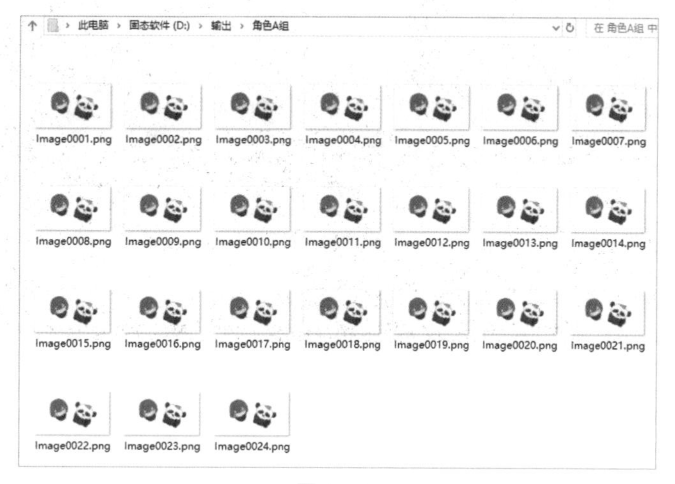

图 12-45

（23）至此，在 Blender 中的分层渲染工作就完成了，你可以在其他软件中对动画序列进行合成、调色、制作音效等后期处理工作，如图 12-46 和图 12-47 所示。

DaVinci Resolve Studio - Untitled Project 64
Untitled Project 64
Timeline 1
01:00:00:13
Compound Clip 1
DaVinci Resolve Studio 18.6

图 12-46

DaVinci Resolve Studio - Untitled Project 64
Untitled Project 64
Timeline 1
01:00:00:13
Compound Clip 1
DaVinci Resolve Studio 18.6

图 12-47

本书的知识主要集中在蜡笔相关的功能上。然而，对于整个二维和三维动画制作的流程来说，还需要继续拓展学习许多相关的技能，这些技能能够让你在创作过程中拥有更多的灵活性和选择性。

首先，学习基本建模技术确实可以帮助你搭建 3D 场景。虽然相比绘制一个静态背景，搭建一个 3D 场景可能更耗时，但在需要多次使用且视角多变的情况下，3D 场景的优势显而易见，因为它允许你通过旋转和调整相机角度来快速生成多个视角的背景。

此外，你还可以学习在 3D 模型上绘制贴图的技术，以及“三渲二”（3D-to-2D）技术，这些技术能够让你创建出风格化的场景，使你的角色和场景在视觉上更加和谐统一。

在动画制作的全流程中，虽然 Blender 是一个功能全面的软件，能够覆盖从建模、动画到渲染、合成的多个环节，但在某些特定任务上，使用其他软件可能会更加高效。例如，绘制静态背景时，可以选择使用 Kirta、Photoshop 或优动漫 PAINT 等软件。Kirta 作为开源软件，提供了免费使用的便利；Photoshop 以其强大的图层样式和调色功能著称；而优动漫 PAINT 则在画笔笔刷系统上表现更为出色。

在后期的视频合成、剪辑和调色方面，DaVinci Resolve、Premiere Pro、After Effects 和剪映都是常用的软件。它们各有特色：DaVinci Resolve 在调色方面表现出色，且拥有强大的 Fusion 合成功能（尽管中文教程相对较少）；Premiere Pro 和 DaVinci Resolve 在视频剪辑上效率很高；After Effects 则以其强大的合成功能闻名；剪映则以其易用性和丰富的短视频制作资源受到青睐，适合快速制作短视频。

总之，选择合适的工具并根据需要进行学习，是提升动画制作效率和质量的关键。祝你在不断的学习和实践中，创作出更多优秀的作品，享受这段充满挑战与乐趣的旅程！

附录

本书使用了 Blender 社区中的很多优秀二维作品，非常感谢这些作品的创作者。借助他们的成果，我才能更快更好地呈现本书的内容。如果对他们的作品感兴趣，可以根据名字进行搜索。